珠宝首饰设计专业实训系列教材
浙江省高校重点教材建设项目

珠宝首饰设计表现技法

ZHUBAO SHOUSHI SHEJI BIAOXIAN JIFA

总主编 王其全 黄晓望
吴继新 雪润枝 王音青 辛宏安 著

中国地质大学出版社
ZHONGGUO DIZHI DAXUE CHUBANSHE

图书在版编目(CIP)数据

珠宝首饰设计表现技法/吴继新等著.—武汉:中国地质大学出版社,2016.12
珠宝首饰设计专业实训系列教材　浙江省高校重点教材建设项目
ISBN 978-7-5625-3864-6

Ⅰ.①珠…
Ⅱ.①吴…
Ⅲ.①宝石-设计-高等学校-教材②首饰-设计-高等学校-教材
Ⅳ.①TS934.3

中国版本图书馆 CIP 数据核字(2016)第 175487 号

珠宝首饰设计表现技法			吴继新　雪润枝　王音青　辛宏安　著
责任编辑:张旻玥　张琰	选题策划:张琰　张晓红		责任校对:张咏梅
出版发行:中国地质大学出版社(武汉市洪山区鲁磨路388号)			邮政编码:430074
电　　话:(027)67883511	传真:67883580		E-mail:cbb@cug.edu.cn
经　　销:全国新华书店			http://cugp.cug.edu.cn
开本:787mm×960mm　1/12		字数:207千字	印张:10
版次:2016年12月第1版		印次:2016年12月第1次印刷	
印刷:武汉中远印务有限公司		印数:1—2000册	
ISBN 978-7-5625-3864-6			定价:48.00元

如有印装质量问题请与印刷厂联系调换

前 言

《珠宝首饰设计表现技法》是《珠宝首饰设计专业实训系列教材》中关于设计表现技法的部分。通常我们看到在商场里出售的珠宝首饰,已经是一件完整的具有特定价格的消费商品。在这件商品上面,我们能够看到的是它能否引起我们的关注、欣赏、喜欢的外在感受,以及品鉴到工艺是否精湛等。但在它还没有成为一件商品前,一切的活动都与创意、设计有关。在整个创意设计过程中,创意会经历否定到肯定,再从肯定到否定往返推演、修改的过程,使创意尽可能完美。这就是设计师的常规工作。

那么创意设计过程中具有哪些有意义的活动呢?首先,它需要具有独特的、个性化的创新(构思);其次,要能够把思维中的创意用某种最直观的方法呈现出来。这个"呈现"可以用语言、视觉图像、模型等方式。在这里,语言因为比较抽象,有许多想象的空间,具有不确定性,因而会显得比较苍白;最直接的当然是视觉图像,比如设计草图、效果图、模型、计算机三维图像等。只有把飘忽不定的创意,用图形捕捉的方法把它呈现出来,才能呈现否定或者肯定的客观对象,才能进一步对它进行评判、修改或为重新推演建立依据。

《珠宝首饰设计表现技法》分为四个章节部分:一是手绘表现技法;二是电脑三维效果图形表现技法;三是 JewelCAD 模型表现技法;四是珠宝首饰摄影表现技法。本教材是一本通俗、简洁、实用的教学进阶技法书,适用于大专院校珠宝设计专业学生使用。

目　录

0　概　论 ……………………………………………………………………………… (1)

1　手绘效果图表现技法 ……………………………………………………………… (3)
　1.1　基本工具及材料介绍 ………………………………………………………… (3)
　1.2　基本技法介绍 ………………………………………………………………… (7)

2　电脑三维效果图表现技法 ………………………………………………………… (19)
　2.1　犀牛建模 ……………………………………………………………………… (19)
　2.2　高级首饰渲染 ………………………………………………………………… (45)
　2.3　首饰电脑三维效果图的后期处理 …………………………………………… (55)

3　JewelCAD 模型表现技法 ………………………………………………………… (62)
　3.1　JewelCAD 系统概述 ………………………………………………………… (62)
　3.2　用 JewelCAD 进行练习 ……………………………………………………… (65)
　3.3　首饰快速成型技术 …………………………………………………………… (88)
　3.4　图片欣赏 ……………………………………………………………………… (90)

4　珠宝首饰摄影表现技法 …………………………………………………………… (94)
　4.1　珠宝首饰拍摄的要点 ………………………………………………………… (94)

4.2 珠宝首饰拍摄快速入门 …………………………………………………………………… (96)

4.3 珠宝首饰拍摄的摆放与布置 …………………………………………………………… (102)

4.4 珠宝首饰闪烁光感的拍摄 ……………………………………………………………… (104)

4.5 使用黑、白亚克力板拍摄特殊效果照片 ……………………………………………… (105)

4.6 拍摄金、银以及铂金等贵重金属材质饰品 …………………………………………… (106)

4.7 拍摄水晶、翡翠、玉等宝石饰品 ……………………………………………………… (108)

4.8 总　结 …………………………………………………………………………………… (109)

主要参考文献 …………………………………………………………………………………… (110)

0 概论

"珠宝首饰",从字面上理解可以解释为:用珍珠与宝石做成的首饰。但这样的解释范围比较狭隘。从广义上去理解,"珠宝首饰"应当包含一切材料设计制作的首饰。

"珠宝"包含钻石、白金、黄金、白银、珍珠、玛瑙、翡翠及各种名贵玉石等。在中国悠久的历史长河中,"珠宝"一般也不是普通老百姓敢于奢谈的。由于这些材质的稀缺性,人们总是把它与"名贵""奢侈"相提并论。如钻石是皇权、贵族财富的象征,钻石的稀有、珍贵和坚硬,在西方常用来代表爱情的纯洁、忠贞与永恒。黄金首饰在中国往往作为唯一保值增值的贵重资产传给下一代。同时,黄金在国际金融中的作用和地位也远超过任何一种货币。珍珠、玉石在过去漫长的岁月中也不是普通百姓所能拥有和把玩的,况且中国人对玉石的珍爱已经延伸到生活哲学和文化内涵之中,其价值远远超过玉石本身的价值(图1、图2)。

图 2　国外钻石黄金戒指

图 1　中国古代的金手镯

"首饰"的概念在现代生活中的意义已经不再只是"名贵""奢侈""保值"的代名词。"首饰"的概念无论从材料本身,还是文化价值、艺术价值和审美价值,都跨出了原有认识的疆界。如今的"首饰",既有"名贵""奢侈"的属性,也有"时尚""流行"的属性;既有本身质地的价值,又有文化和艺术的审美价值;既可满足富豪贵族的消费需求,又可适应大众追求时尚、彰显个性的消费需求。用于设计制作首饰的材料更是大大突破以往的界限,首饰设计不再局限于贵重金属(如钻石、黄金、白金、银、珍珠、名贵玉石),也不局限于单一品种的材质,而向多元、混搭发展。一切自然的材料、合成材料，甚至废弃的电子元件、工业原料、废料都可以化腐朽为神奇，设计出出人意料的精美首饰品。如果再将世界各国、各地的地域文化、宗教信仰、生活习俗的丰富性，流行趋势的多样性，时尚的全球化，消费的个性化等因素综合起来看，"首饰"的形式、内容、应用范畴就更呈百花齐放、变幻无穷的态势发展。

珠宝首饰设计作为一项创造性的设计活动，与任何设计活动一样，有一个从构思创意到设计草图，再到设计图纸，然后加工制作成一件真正的首饰这样一个基本的设计过程。在这个过程中，能把琢磨不定、丰富多彩的创意概念变成视觉图形的活动，我们称作设计表现技法。表现技法也可称为"设计的视觉语言"。视觉语言靠图形说话，不需要口头和文字表达，就能让人一目了然。设计师如果有熟练的表现技法便能得心应手、淋漓尽致地发挥其创造才能。试想一下，一个充满想象力的创意在脑海里酝酿成熟而苦于不会表达，需要用语言传达给其他人并借助于别人之手去画出来，那该是一件多么困难且尴尬的事情！更重要的是，别人不可能完美地理解你的意图。要成为一个优秀的珠宝首饰设计师，一定要避免眼高手低、手长袖短的技术缺憾。因此，表现技法是一门学习珠宝首饰设计的专业基础课程，其重要性不言而喻。

1 手绘效果图表现技法

1.1 基本工具及材料介绍

珠宝首饰效果图所采用的工具及材料,其实很简单。这个简单可以用一句话来概括,那就是:一切可以用来书写、绘画、上色的工具材料都可以用来画珠宝首饰效果图。但各种材料又因为其质地、性能的差异,在表达效果、表达方式上,又会存在不同的使用方法。因此,在选择工具、材料的时候,必须先确定两件事情:一是,你要表达的对象是什么,追求的是什么效果。二是,要了解、熟悉工具和材料的性能特点,用合适的工具和材料去表达特定的对象。也就是说,没有一种工具和材料是万能的,在选择和使用工具材料中,必须用其长处,避其短处。

珠宝首饰效果图表现技法所使用的工具和材料大致可分为四类:笔类、纸张类、色彩类、其他辅助工具。下面就大致地介绍一下常用的工具与材料。

1.1.1 笔类

绘图用的笔,市面上的种类繁多,可以说现在的设计师处在最幸福的时代,你要的几乎应有尽有。

笔类我们可分为以下五类。

(1)铅笔,包括普通铅笔(通常以 H、B 代表硬和软),一般用软硬适中的铅笔来画草图或轮廓图,比如 HB、2B 或 2H。

(2)彩色铅笔(包括水溶性彩铅),水溶性彩铅就是把水彩色和铅笔结合起来的铅笔,当需要出现水彩渲染的效果时,可用蘸过水的毛笔在铅笔密集排列的线条基础上渲染出自己想要的效果(图 1-1、图 1-2)。

图 1-1 水溶性彩色铅笔

图1-2 彩色铅笔和用彩色铅笔画的效果图

(3)自来水笔,如签字笔、针管笔、尼龙笔(用合成材料做成的笔头),它们的共同之处都是水性笔,统称自来水笔。有大小不等的粗细型号,0.3、0.5、0.8等,数值越大画出的线条越粗(图1-3)。

(4)马克笔,是一种广泛使用的设计用工具,它的优点是兼具书写与上色两种功能,是设计师常备、常用的工具材料之一。

马克笔有水性和油性的区别,一般讲水性的如水彩一般,彩色鲜艳透明,适合在大多数纸张上绘画,但在特别光滑的纸张上就不易着色;其缺点是,色彩经长时间光照会慢慢褪色。油性马克笔,含有如酒精的刺鼻味道,色彩同样也是鲜艳透明,适合在各种纸张上绘画,尤其在光洁度特别强的纸张上具有更好的表现力,画出来的色彩更加明亮艳丽。

图1-3 各种水笔

马克笔一般两端配有不同的笔头,一端是画线条的细圆头笔尖,另一端是带斜面的宽笔头,适合表达大面积的色块,也可以侧向用笔,利用它的厚度表达比尖头笔略粗的线条或色块(图1-4)。

图1-4 各种马克笔

(5)水彩笔、水粉笔、小毛笔。如果采用水粉、水彩来表达,那么水彩笔、水粉笔就是必需的了,但由于一般情况下珠宝首饰的产品体积本身就很小,用到大笔头画笔的情况还是相当少的。因此,建议只买少量小号的画笔和一两支小毛笔即可。

其他还有炭精笔、荧光笔等,由于不常用或者不适用,这里就不一一介绍了。

1.1.2 纸张类

纸张的种类繁多,我们可以把它们分为以下三大类。

(1)第一类属于吸水性较大的纸张(也可称它们为无光泽的纸张、亚光纸),如水彩纸、宣纸、复印纸、新闻纸。它们的基本特点是,表面不光滑,有明显的纸张肌理,吸水性比较强。

(2)第二类属于吸水性弱的纸张(也可以称它们为有光泽的纸张),如印刷用的铜版纸,表面光洁且特别细腻的其他纸张。这类纸张几乎看不见纸张的纹理,吸水性很弱,适合用油性的马克笔使用。

(3)第三类是指各种有色卡纸,一般这类纸张都比较厚,大多在90g以上。有亚光(无光泽的纸)的和有光泽的两类。色卡纸在效果图表现中也是设计师经常选择使用的。因为可以利用有色纸作为表达对象的一种基本色调,比如用灰卡纸表达白金、银色的首饰,其灰色的部分就是很好的中间色调(图1-5)。

1.1.3 色彩类

目前市场上设计师可选用的色彩也是丰富多彩的,过去色彩归色彩,笔归笔,现在的彩色铅笔和马克笔已经把绘画工具和上色工具完全结合在一起,产生了功能合一的新工具。因此,大多数情况下,这类勾线和上色合一的工具足以满足平时设计工作的需要(图1-6)。但是为了更深入地表达更精彩的效果图,备有一套24色的水彩颜料

图1-5 灰卡纸画的效果图

还是有必要的。

此外,色粉笔也可配备一套,它能独到地表现细腻、光滑、朦胧的效果,是其他工具难以达到的(图1-7)。

图1-6 彩色铅笔

图 1-7 色粉笔

1.1.4 其他辅助工具

大多数情况下的设计草图或效果图是徒手表现的,但也有需要精确表达设计意图的时候,比如,三视图彩色效果图,它就需要精确制图,尺度、比例需要非常精准。因此,一些辅助工具还是必备的。

(1)设计模板,有椭圆、圆形模板,从小到大不同口径尺度的型号都有(图1-8)。

图 1-8 圆形模板、曲线板

(2)圆形模板、曲线板,适合表达各种不同的弧线、曲线,各种转折的 R 角。

(3)三角尺(25cm 以下就可以)。

(4)圆规(带有鸭嘴笔)。

(5)遮挡纸(可选用告示贴),用来遮挡不被上色的部分,告示贴只有一边有近 1cm 的低黏度不干胶,将它贴在需要遮挡的部位,当画好后,把遮挡纸撕下来也不会损坏纸张(图1-9)。

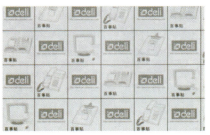

图 1-9 告示帖(遮挡用)

(6)高光笔(白色),有类似圆珠笔粗细的。适合画一些高光处。

(7)脱脂棉花或化妆棉、棉花棒(两头有棉球),色粉笔画画时使用(图1-10)。

(8)爽身粉一瓶或一罐,色粉笔画画时使用(图1-10、图1-11)。

图 1-10 化妆棉、爽身粉

图1-11 脱脂棉蘸色粉和爽身粉调和

是有漫长历史的。原因是,作为绘画工具和材料,水彩和水粉颜料的历史几乎与西方的油画颜料的历史相差无几,一般的设计师也都有一定的绘画基础。再说,绘画工具在之前也没有像今天这样丰富多彩。因此,过去的设计师最常用的绘画颜料当然首选水彩、水粉。我们可以通过一组国外设计师的作品,来了解水彩、水粉画的实际效果(图1-12、图1-13)。

图1-12 水彩水粉画法效果图

1.2 基本技法介绍

1.2.1 水粉、水彩画法

水彩、水粉颜料,统称水性颜料。它是用水调和使用的,水彩色彩鲜艳明亮、透明,但不宜重复叠加和渲染,因为那样会减低色彩的艳丽度;水粉颜料既具有水彩色的优点又具有叠加力和覆盖力;既可以薄画法(类似水彩画法),也可以厚画法(类似于油画)。

水彩、水粉画法,工具很简单,因为珠宝首饰的画幅不大,具体对象的体积又比较小,所以只需要简单的几支笔就可以,不需要全套的水彩或水粉笔。一般情况下,水粉笔只要一两支1cm以内的就可以了。此外,配一两支小毛笔(最好是狼毫的小毛笔),因为小毛笔有比较好的弹性,既可以勾线也可以上色。

在表达珠宝首饰设计效果图上,使用水彩、水粉画法,

图1-12是在黄色的卡纸上用水彩、水粉色绘制而成的。步骤是:先用铅笔精确地勾出设计图,用水粉色的白色勾画出钻石的效果;再用不同明度的浅绿、深绿画出绿宝石的质感(包括宝石的切割特点和透明度、光泽感)。每颗绿宝石,在绘画的过程中可以有意识地留出白色的高光,也可以事先不考虑留白,而是画出大效果之后,再用白色水粉画出高光来。注意高光往往在切割面的交界处和某个切割面上。每颗宝石的高光也是不同的,要画出变化才显得丰富、真实。

图1-13 产品实物

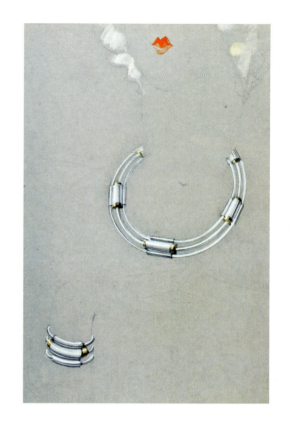

图1-14 水粉厚画法效果图

图1-13是最后制作完成的首饰。一看就明白,设计效果图与未来的真实产品是有着密切关系的。设计效果图不追求完全逼真的产品实物效果,但至少必须呈现出未来产品的基本风貌,如设计风格、构造特点、使用的材料、基本的质感等。

图1-14是选用灰色卡纸和水粉色的厚画法技法,充分运用灰卡纸作为银色项圈的中间色调,然后暗的部分画深,亮的部分用白色提亮,逐步地把项圈的体积感和质感表达出来。

在首饰效果图中运用各种色卡纸是最常用的技法之一。

图1-15是钢笔水彩画法和它的实物。

图1-16~图1-19都是水彩和水粉画法。图1-17和图1-19的主体物是典型的水粉厚画法,图1-16是透明水彩色为主的画法,只是在绿宝石的亮部用水粉色厚画法。图1-18是水彩水粉结合的画法,选用的是一种记账纸张,其他几幅都是选用不同的色卡纸或者渲染出一个底色来衬托主体。可见,凡可书写的纸张都是可以用来画画的,而且不同的色卡纸可以表达不同的主体,底色既可以是主体色的一部分,也可以成为主体的一种对比色,使画面更具有鲜活的味道。

下面我们就以"黄金宝石项圈""银手镯"和"蓝宝石钻戒"为题,用水彩、水粉画技法来展示步骤图。

1."黄金宝石项圈"画法

第一步,用活动铅笔(铅芯粗细均匀)勾画出精确的设计图(图1-20)。

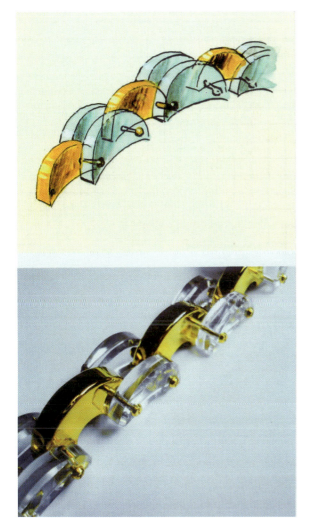

图 1-15 钢笔水彩画法及其实物

图 1-16 水彩画法

图 1-17 水粉厚画法

选用的是一张 A4 布纹卡纸（文化用品商店有售），用活动铅笔把设计稿描摹好。要求：设计特点、结构准确，细节交待清楚，不能有半点含糊；同时，纸张要保持整洁。

第二步，用水彩色或水粉色画出白色玉石项圈和黄金饰品的基本色调和初步的体积感。绘画工具采用水彩笔或毛笔，项圈部分是椭圆形的，画得时候不能平涂，可以用两支毛笔，一支上色，另一支清水笔负责渲染。把基本的

图1-18 水彩、水粉结合的画法

图1-20 精细的铅笔稿

图1-19 水粉厚画法

图1-21 上基本色调

立体感表达出来。黄金部分先用淡黄色平涂(图1-21)。

第三步,用小毛笔画出红宝石、蓝宝石的基本色调和宝石切割的基本体积特征,预先留出高光。再用水粉赭石色和土黄色调和的颜色,画出黄金部分的暗部立体感(图1-22)。

图1-22 画出红蓝宝石

第四步,用毛笔深入刻画细部,如黄金部件的暗部、反光、明暗交界线的深色部分;蓝宝石、红宝石的中间调子和暗部(图1-23)。

2."银手镯"画法

第一步,选用灰色卡纸作为银色的基本色调(中间色),用活动铅笔勾画出精确的线描稿(图1-25)。

图1-23　深入刻画细节

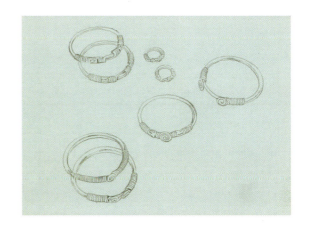

图1-25　灰色卡纸上用铅笔画出线描稿

第五步,整体到细节的调整和完善,对关键部位的质感作局部的精细描绘。如宝石的切割面的深入刻画,使其层次更丰富而有变化;宝石和黄金部位的某些高光在事先不能留出的情况下,可以用白色颜料画出来。在这里,黄金和宝石的质感呈现是画龙点睛之处(图1-24)。最后,用色粉笔涂抹出淡淡的蓝灰色投影。

第二步,用毛笔调出比灰卡纸颜色深一点的灰色,画出手镯的暗部和投影(图1-26)。

图1-26　画出中间色调和投影

图1-24　整体调整、细节修改完善

第三步,用白色画出高光部分,以及明暗交界线的深色部分(图1-27)。

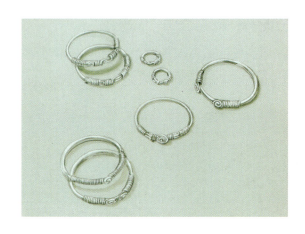

图 1-27　画出白色的高光和深色的明暗交界线

第四步,深入刻画细节部分,如缠绕的银线之间的黑色暗部,以及手镯转折处的强烈黑白对比,使金属的质感更加鲜明(图1-28)。

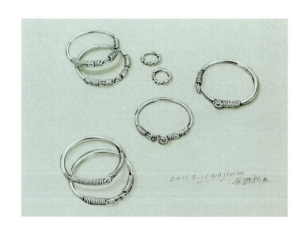

图 1-28　细节的深入刻画

3. 蓝宝石戒指画法

第一步,在浅灰色卡纸上用黑色钢笔画出精准的戒指造型和细节构造特点(图1-29)。

第二步,用小毛笔调水粉或水彩颜色画出基本的色调和体积感(图1-30)。

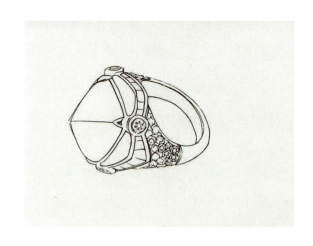

图 1-29　蓝宝石戒指画法第一步

图 1-30　蓝宝石戒指画法第二步

第三步,进一步强化蓝宝石、镶嵌的钻石等部件的体积感(图1-31)。

第四步,深入刻画细部,如镶嵌的钻石等各部件的质感。用白色画出高光,黑白对比得到加强(图1-32)。

1.2.2　马克笔画法

马克笔的出现,是现代设计的福音,它将画笔与色彩结合在一起,是一种革命性的创造。它携带、使用方便,色彩更是丰富多彩,省去了调配各种色相和明度的麻烦,而

图 1-31　蓝宝石戒指画法第三步

图 1-32　蓝宝石戒指画法第四步

且价格也比较适中,已经成为现代设计师不可缺少的便捷设计工具。

马克笔一般有宽头和圆头之分,圆头尖细,适合勾画线条细节刻画,宽头适合表达大块的面积(图 1-33)。

马克笔的品牌种类也比较多,质量也有优劣之分,只有敢于去尝试,就能鉴别出哪种更适合自己。水性的、油性的都要配备一些,因为没有这个比那个更好一说。

图 1-33　各种型号和品牌的马克笔

下面以"流行项链饰品"为题,介绍马克笔技法步骤。

第一步,选用白色 A4 卡纸(90g 以上),用活动铅笔勾画出项链的基本造型特征(图 1-34)。

图 1-34　简洁、准确、快速的铅笔草图

这个流行项链饰品是由仿白金的金属项链、红色有机合成材料和三个大小不一的金属球吊坠组成。线条本身不能传达出三种材质的特点,只要能反映出清晰的造型特征就可以了。

第二步,准备好一把三角尺或直尺,画项链用。挑选出中度灰色的马克笔,并借用直尺,运用马克笔宽头一端的侧面来画一节一节的金属项链。画的时候要视马克笔里面的水份干湿程度来掌握运笔速度的快慢。具体讲,如果是新启用的笔,里面含水量充足,那么运笔速度要快。太慢的话,出水太多就会出现超出预料的范围,给修改带来困难。最好是选用接近干枯的灰色马克笔,这样运笔就容易控制。并且,即将干枯的马克笔,在起笔和收笔的时候略微停顿,会出现两头略呈深灰的颜色,对表达一段一段的接口是再好不过了。所以说,工具的使用要多加实践,轻重快慢、干湿程度不同都会产生不同的特殊效果(图1-35)。

借用直尺,用红色马克笔的圆头(细的一端)画出红色有机材料的受光亮部分,设想中的光源来自右侧面。因此,靠右侧的面是受光最亮的颜色(朱红色)。同时要考虑金属球对环境色的吸收,金属球上半部分应当画出这种强烈的红色反光色。

再用深灰色画出金属球体上的明暗交界色(最暗)的部分,这样一个金属球的基本质感就出来了(图1-35)。

第三步,用深灰色继续画出项链每个交结点所产生的暗部或投影,加强项链的立体感。借用直尺,用大红色(比朱红略深)画出红色有机材料的正面色块。直尺的作用,是为了稳定马克笔,确保能画出坚挺利落的色块或线条,避免意外画出界外(图1-36)。

图1-35　画出基本色调

图1-36　画出红色的主体部分和项链的体感

第四步,刻画金属球。准备好色粉笔、爽身粉、化妆棉或棉球棒和一张A4白纸。将淡黄色、朱红色和淡绿色、蓝色粉笔,用刀片刮在白纸上备用。倒出适量爽身粉。用棉球或化妆棉蘸色粉末或爽身粉调和出自己想要的理想色彩,再涂擦在需要的部位,深色的地方用力擦,使色粉嵌入到纸纹里,需要朦胧、逐渐减淡的部分,用力要轻缓,这样画出来的效果会有喷绘的味道,非常细腻。这对于表达光滑的质感非常有效。

用深红或紫色马克笔的小头端,画出红色有机材料的暗部和厚度(图1-37)。

第五步,深入刻画细节,细节可达到画龙点睛的效果,也是效果图表达能否出彩,或者前面有失误的地方能否得到修改弥补的关键阶段。因此要反复斟酌再动手。

用0.1的针管笔或签字笔把银色项链的细节,如结扣,各部件的轮廓清晰地刻画出来。

用小毛笔蘸白色水粉颜料画出高光,用黑色马克笔把暗部强调出来,使画面更生动逼真(图1-38)。

图1-37 用色粉画出光滑的金属球

图1-38 深入刻画细节,完成稿

1.2.3 综合画法

所谓综合画法,是指不拘泥于某一种绘画工具和颜料,只要有利于表达具体的对象实际效果,都可以为我所用。画家的艺术创造不应该受制于工具和材料以及其他死板的规定。艺术创造的生命力在于创新,"不择手段""别具一格"的求异精神。因此,在用什么工具材料来表达效果图的问题上,我们也提倡百花齐放、不拘一格地选择和使用一切可以用来表达具体对象的工具和材料。

1. 综合画法示例一

下面三件首饰品,就选用了水粉、马克笔、彩色铅笔、色粉笔等工具。

第一步,在灰卡纸上用铅笔画稿,并适当画出戒指的深灰色暗部,再用白色铅笔画出亮部(图1-39)。

第二步,工具:用一支1cm宽的水粉笔;颜料:白色、淡绿色水粉颜料。

方法是,用水粉笔的一侧,蘸白色颜料,另一侧,蘸淡绿颜料,边蘸边调和,但要注意千万不要完全混合在一起,而要让白色和淡绿色相互之间自然融合渗透在一起,出现自然过渡状态为最佳。再一笔画出绿色翡翠的亮部色彩的明暗变化。再用水粉白色,进一步画出钻石、白金戒指和水晶玻璃吊坠的高光(图1-40)。

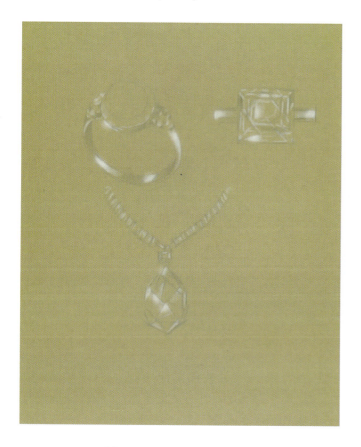

图1-39　白色铅笔画出亮部

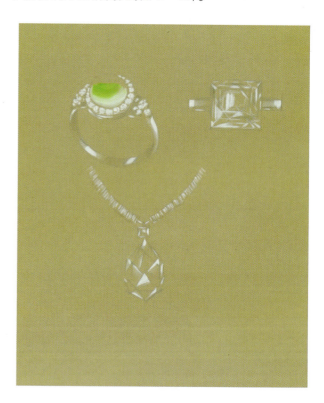

图1-40　刻画翡翠等亮部色彩

第三步,深入刻画细部和质感(图1-41)。

方法同第二步,用水粉笔蘸翠绿和深绿色,使这两种色自然衔接,但这次要注意水粉不要太多,要调厚一些。笔头上本身应当具有深浅的层次变化。然后一笔画出翡翠的上半部分,与第二步的颜色相接,出现更好的质感、透明感。其他部分再用小毛笔去修饰,比如点出高光。

钻石和水晶玻璃,都有坚硬的切割面,可用马克笔的不同大小面去画,但不能画得太死板。注意它们的特点,块面尖锐、透明、反射光源或受环境色影响大、黑白对比强烈。

用色粉渲染出钻石和水晶玻璃吊坠上面的丰富光色变化。

最后可用细的高光笔或者水粉白色,画出戒指周围钻石的高光和细节,以及项链的细节部分。最暗的部分可以用黑色马克笔进行补充修改(图1-41)。

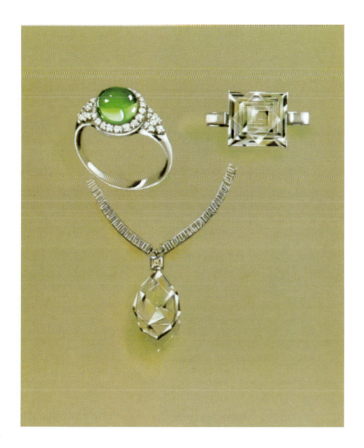

图1-41 深入刻画细节

2. 综合画法示例二

第一步,在线描的基础上用马克笔画出吊坠的基本色和基本的立体感。注意高光的位置须事先留空,表达其光泽度(图1-42)。

图1-42 先画基本色

第二步,用白色水粉颜料画出项链的白色高光,蓝灰色画出项链的中间色调(图1-43)。

第三步,用化妆棉蘸色粉在吊坠球体部分的局部地方,适当擦出朦胧光滑的质感,项链的投影也是用蓝灰色粉笔擦出来的。深入刻画出项链、吊坠的细节,使质感越来越强(图1-44)。

图 1-43　画项链的白色高光　　　　　图 1-44　深入刻画细节

2 电脑三维效果图表现技法

2.1 犀牛建模

2.1.1 Rhino4.0 的基础知识

1. 对 Rhino4.0 的工作界面的认识

1) Rhino4.0 的工作界面

Rhino 是由美国 Robert McNeel 公司于 1998 年推出的一款基于 NURBS 曲线技术为核心的三维建模软件,它是以曲面的拼接与修剪为主要手段的。其开发人员基本上是原 Alias(开发 MAYA 的 A/W 公司)的核心代码编制成员。Rhino3D NURBS 犀牛软件是三维建模高手必须掌握的,它是具有特殊实用价值的高级建模软件。

Rhino4.0 的界面窗口分割为 6 个区域(表 2-1),提供信息或提示输入。图 2-1 是 Rhino4.0 原始的工作界面。

表 2-1 Rhino4.0 界面窗口区域及其功能

窗口区域	功能
菜单列	执行指令、设置选项和打开说明文件
指令区	列出提示、输入的指令和显示指令产生的信息
工具栏	执行指令及设置选项的快捷方式
绘图区	显示打开的模型,可以使用数个工作窗口来显示模型,4 个工作窗口(Top、Front、Right、Perspective)是预设的工作窗口配置
工作窗口	在绘图区中可以用不同的视角显示模型
状态区	显示点的坐标、模型的状态、选项和切换按钮

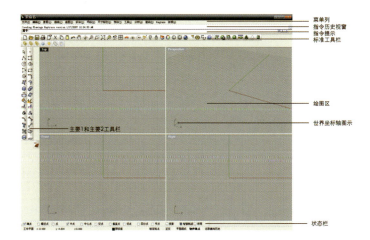

图 2-1 Rhino4.0 原始工作界面

2) 菜单栏

在菜单里有绝大部分的 Rhino 指令,如图 2-2 所示。

3) 指令区

指令区可以显示指令和指令提示。指令区可以固定于屏幕上方、下方或浮动于任何位置。预设的状态窗口高度为两行。按"F2"可以显示指令历史窗口。可以选取或复制指令历史窗口中的文字到 Windows 剪贴板,如图 2-3 所示。

指令行中可输入指令,选取指令选项,输入坐标、距离、角度或半径,输入快捷键和读取指令提示。按"Enter"、空格键或当游标位于工作窗口中时按鼠标右键可输入指令行中已输入的信息①。

---

① 附注:在 Rhino 里,"Enter"和空格键的功能相同。

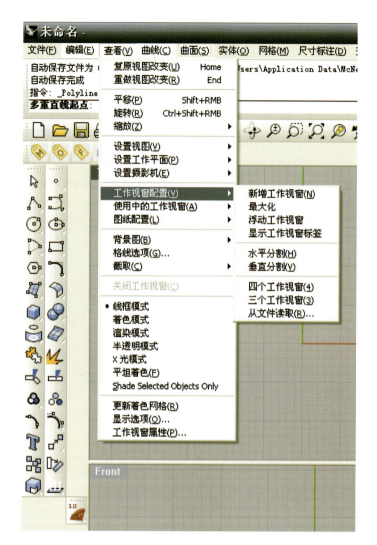

图 2-2 Rhino 的查看菜单图

图 2-3 Rhino 的指令区示意图

4)标准工具栏

标准工具栏是将标准工具列固定在绘图区的上方边缘,是专门负责文件管理、视图管理、工作平面、显示隐藏、图层管理、渲染等非建模命令的工具栏,是不可缺少的辅助管理工具,如图 2-4、图 2-5 所示。

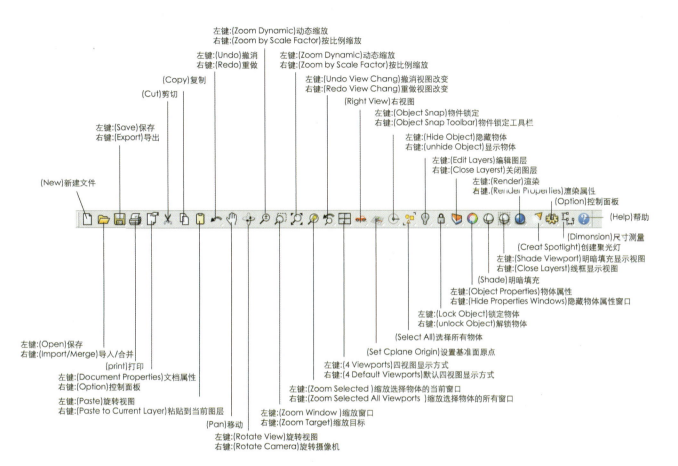

图 2-4 Rhino 的标准工具栏

图 2-5 Rhino 标准工具栏的详细功能示意图

5) 工具列

Rhino 工具列中的按钮是执行指令的快捷方式,可以将工具列浮动于屏幕的任何位置或固定于绘图区的边缘,主要 1 和主要 2 工具列在默认状态下是固定于左侧边缘,如图 2-6 所示。

6) 工具提示

工具提示会告诉每一个按钮可以做些什么。将鼠标游标移动到按钮之上,会显示一个含有指令名称的黄色小标签。在 Rhino 里,有许多按钮可以执行两个指令,分左右键执行指令,工具提示会告诉哪些按钮可以执行两个指令。如图 2-6 所示,在 按钮上按鼠标左键建立多重直线,按鼠标右键建立线段。

7) 扩展工具列

工具列上的按钮可以包含一个扩展工具列。可将其

图2-6　Rhino中的工具提示

他指令的按钮包含于此扩展工具列之中。扩展工具列通常含有一个指令所衍生出来的各种变化,在按下扩展工具列中的按钮后,扩展工具列会随即消失。含有扩展工具列的按钮在其右下角会有一个白色的小三角形。以鼠标左键按住该按钮不放或以鼠标右键按下该按钮可以弹出扩展工具列,如图2-7所示。直线工具列与主要1工具列上的按钮连接。在扩展工具列弹出以后,按扩展工具列上的任何按钮后启动指令。

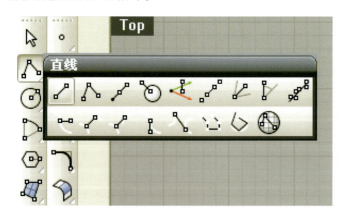

图2-7　Rhino的扩展工具列

8) 工具列的区域划分

我们大致可以把工具列的区域划分为点与线组合、基本形、多边形曲线编辑、曲面和曲面编辑、实体和实体编辑、投影线和网格、组合/分离/点编辑、其他、缩放和分析区域,如图2-8所示。

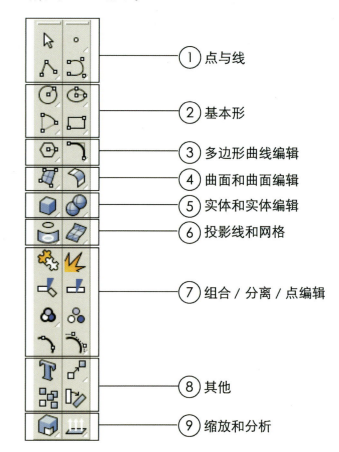

图2-8　Rhino工具列的区域划分示意图

9) 状态栏

图2-9为状态栏,是显示工作状态信息的。在状态栏上的锁定格点面板按鼠标左键可以打开锁定格点。锁定格点打开时"锁定格点"4个字会显示为粗体字,关闭时则为细体字。在进行建模时,物件锁点打开,有利于计算尺寸和精确建模。

10) 建模辅助

可以使用快捷键、功能键,在指令行输入单一字母或按建模辅助面板打开或关闭各种建模辅助模式,如图2-10所示。

图 2-9 Rhino 的状态栏

图 2-10 Rhino 建模辅助

在状态列上的这些建模辅助(锁定格点、正交、平面模式、记录建构历史)可打开或关闭。

锁定格点：限制鼠标标记只能在工作平面格点上移动，也可以按"F9"或输入"S"，再按"Enter"，切换锁定格点。

正交：指定下一点时限制游标只能在由上一个点出发的特定角度上移动，预设角度为90°，也可以按"F8"或按住"Shift"切换正交。在正交打开时，按住"Shift"可以暂时关闭正交；在正交关闭时，按住"Shift"可以暂时打开正交。

平面模式：是与正交类似的建模辅助模式，可帮助在建立平面对象时将下一个输入点限制在通过上一点而且与工作平面平行的平面上。

记录建构历史：记录与更新对象的建构历史。

物件锁点：对象锁点可在现有的对象上指定某个位置，可以使用对象锁点做精确建模或取得精确的资料，物件锁点所给予的是用肉眼观察所无法达到的精确度(表 2-2)。

2. 构建三维首饰模型的常用命令介绍

本书不是一本软件应用的书籍，所以不会系统地讲解该如何使用 Rhino 的各项命令，但考虑到有些初学者刚接触这个软件，所以在制作实例之前，将部分命令加以介绍，并通过简单的实例步骤加以解析(表 2-3～表 2-5)。

表 2-2 物件锁点指令描述

按钮	指令	描述
	端点	端点可以锁定于曲线端点、曲面边缘转角或多重曲线中的线段端点
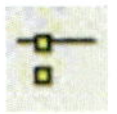	最近点	最近点可以锁定于现有曲线或曲面边缘距离鼠标游标最近的点
	点	点可以锁定于控制点或点对象
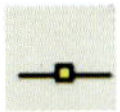	中点	中点可以锁定于曲线或曲面边缘的中点
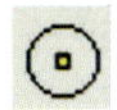	中心点	中心点可以锁定于曲线的中心点，这个对象锁点通常用于圆和圆弧
	交点	交点可以锁定于两条曲线相交的点
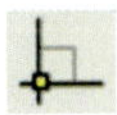	垂直点	垂直点可以锁定于曲线上的某一点，使该点与上一点形成的方向垂直于曲线。这个物件锁点无法在指令提示指定第一点的时候使用
	切点	切点可以锁定于曲线上的某一点，使该点与上一个点所形成的方向与曲线正切。此锁点无法在指令提示选取第一个点的时候使用
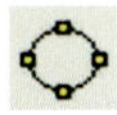	四分点	四分点可以锁定于四分点，四分点是一条曲线在工作平面 X 或 Y 轴坐标最大值或最小值的点
	节点	节点可以锁定于曲线或曲面边缘上的节点
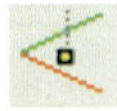	投影	将锁定的点投影至工作平面上
	智慧轨迹	智慧轨迹(SmartTrack)是 Rhino 的建模辅助系统，以工作窗口中不同的3D点、几何图形及坐标轴向建立暂时性的辅助线和辅助点
	停用	暂时关闭持续性对象锁点但保留其设置

表2-3 曲线命令工具

按钮	指令	描述
	Curve	根据控制点的位置绘制曲线,简称CV曲线。操作:在视窗中随意地添加控制点便能很方便地绘制出曲线。在命令没结束时控制点是可见的;如果有画错的控制点,可以键入"U"回车取消最后画的控制点;如果想使曲线封闭,可以在绘制最后一个控制点后单击曲线的第一个控制点或键入"C"回车
	InterpCrv	根据编辑点的位置绘制曲线,简称EP线。操作上和CV曲线一样。不同之处在于视图中鼠标单击的都是编辑点。曲线将穿过这些编辑点而形成
	Fillet	在两条曲线之间产生一个由圆弧形成的圆角,也就是我们平时所称的倒圆角工具
	Offset	根据预定距离偏移复制曲线
	Blend	混接曲线工具,保持原来的曲率,自动连接两条曲线
	EditPtOn	打开曲线上的EP点。一般用于通过拖拉EP点来改变曲线的形状。注意:当曲线上的EP点和CV点被打开时,曲线将不能被选中
	PtOn	打开曲线上的CV点,一般用于通过拖拉CV点来改变曲线的形状,快捷键是"F10"键,关闭CV点可以用右键单击该目标或者按"F11"键
	Trim	修剪已有的曲线或者表面。修剪是把曲线相交的部分以相交点为界,被点击的曲线部分将被删除掉,使保留下来的曲线形成新的图形
	Rebuild	重建已有的曲线或者表面。在尽量保持曲线原来形状的基础上,重新定义曲线上的点数和NURBS度数。当新的点数或度数小于曲线原有的点数或度数时,曲线会适度变形

表2-4 曲面命令工具

按钮	指令	描述
	EdgeSrf	利用2、3、4条曲线生成一个曲面,由曲线决定所生成曲面的形状
	Patch	利用封闭曲线或者表面的封闭边生成一个表面。Patch常用来封闭表面上的洞口,它实际上是一个利用曲线修剪缝补洞口表面之后的结果
	NetworkSrf	从网状交织的曲线建立曲面。可从平滑的网格曲线建立曲面,会对所选取的曲线自动排序,且所选取的曲线可以不必完全接触
	Sweep1	通过把截面曲线"扫过"(Sweep)一条作为轨迹(Rail)的曲线而生成的曲面。Sweep1表面支持多个形状各异截面曲线
	Sweep2	通过把截面曲线"扫过"(Sweep)两条作为轨迹(Rail)的曲线而生成的曲面。Sweep2和Sweep1的最大区别在于它使用了两条作为轨迹的曲线,能生成更复杂的曲面
	Loft	穿过连续多条曲线形成的曲面。在选择开发的曲线生成Loft表面时,鼠标点击曲线的位置和次序都将影响着最后表面形状的形成,而封闭曲线的结合点位置也会影响着表面的形状。点物体只能作为Loft曲面的开端或者终点
	Revolve	通过旋转曲线生成曲面。生成Revolve表面时,旋转的角度是可以控制的
	Extrude	将封闭曲线挤压成实体
	FilletSrf	在两个表面之间生成新的圆角表面。也可以理解为面的倒角
	OffsetSrf	根据偏移量生成表面。和偏移曲线不同,偏移表面的偏移方向用正、负符号表示。正数时,曲面的偏移方向为自身坐标系统的Z轴正方向,负数时为自身坐标系统的Z轴负方向

续表 2-4

按钮	指令	描述
	BlendSrf	在两个表面之间生成混合表面。在两个表面的边之间生成一个新的表面并使新表面与两个表面相切。和 Loft 表面一样，鼠标点击表面边界的位置会影响混合表面的形状，而封闭边界的结合点位置也会影响混合表面的形状
	MatchSrf	匹配两个表面。使一个表面匹配另一个表面，并使相邻的部分曲面按要求(G0,G1,G2)调整各自的曲率。注意是首先选择的面去匹配第二个面
	RebuildSrf	根据指定的 U、V 方向 CV 点数和度数，重新建造表面
	Explode	爆炸分解物体
	JoinSrf	结合选择的表面。当结合多个表面的时候，要按次序选择相邻的表面，否则将结合不起来
	Trim	修剪相交的表面
	Split	利用物体来分裂表面
	Boolean Union	布尔并集，它的作用是把多个实体合并为单一实体
	Boolean Different	布尔差集，它的作用是用一个物体减去另外一个物体。注意在命令行选择第二个物体的时候，有一个选项 DeleteInput 可以控制是否删除第二个物体
	Boolean Intersection	布尔交集，它的作用是只保留物体相交的部分而删除其他部分。虽然选择物体的次序对运算结果的造型没有什么影响，但是最后保留下来的物体将是首先选择物体的一部分
	Boolean Split	布尔运算分割，它的作用是用一个物体去分割另外一个物体

表 2-5 在表面上提取曲线的命令

按钮	指令	描述
	Project	投射曲线到表面上。说明：把一条曲线按正投影的方式投射到表面上，在表面上形成一条新的曲线，并且该新的曲线继承了投射曲线 XY 坐标平面的信息，而 Z 轴上的数值却和表面是吻合的，使这条曲线看起来像是从表面上提取出来的
	Dup Edge	复制表面的边界，使之成为独立的曲线
	Extract Isoparm	从表面和多边形表面上提取等参线。在表面上提取 U、V 方向的等参线，使之成为独立的曲线

2.1.2 Rhino 首饰建模综合练习

我们将要建一个戒指的模型，效果如图 2-11 所示。

图 2-11 戒指模型效果图

1. 设置操作环境

在 Rhino 三维建模之前先设置操作环境。所谓操作环境就是制定操作单位(Units)、操作空间、栅格(Grid)、捕捉(Snap)和图层(Layer)等，这样有利于我们方便标准建模。

在这里我们选择 Millimeters(毫米)作为操作单位,也就是把 Rhino 3D 的默认操作单位 No Units System 转化为 Millimeters。

在 Rhino 3D 中指定操作单位是 Options。可以通过下拉菜单选择 Options 命令,也可以根据需要在展开工具栏(Tools)中点击 或命令栏(Command)中直接输入和执行 Options 命令。在菜单的"左边"选择"单位",把模型单位改成毫米,如图 2-12 所示。

图 2-12 设置操作环境

2. 在顶视图中绘制戒指的二维曲线

第一步,在"TOP"视图(即顶视图)中,选中命令"Curve→Circle→Center" ,以原点为中心画直径为 10mm 的圆,如图 2-13 所在的①的位置。再选择 ,选中①号圆往外偏移 0.8mm,产生②号圆。再选择 ,以原点为起点画直线,作为后面要用的辅助线,如图 2-13 所示。

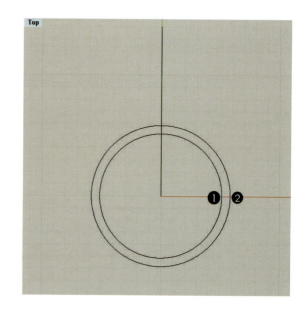

图 2-13 第一步示意图

第二步,选中命令 ,选择中心线往左右各偏移 2mm,再选择偏移出来的线,再往两边偏移 0.5mm,如图 2-14 所示。

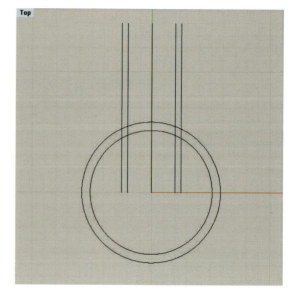

图 2-14 第二步示意图

第三步,选择"从中点画直线"工具,选择(0,6.5)为中心起点,画长度为6mm的横直线,如图2-15所示。

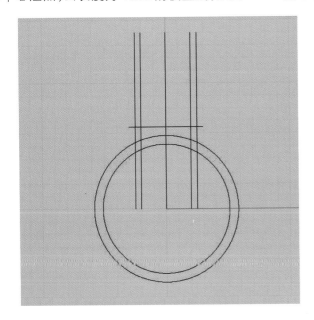

图2-15 第三步示意图

打开"捕捉"工具,点击"交点""切点""中心点"(图2-16)。

图2-16 打开"捕捉"工具示意图

第四步,以①点交点作为始点,②点切点作为终点画直线。再选中这条刚画好的直线,以圆心为中点,镜像成另一条直线,如图2-17所示。

第五步,选择"修剪"工具,选中刚画的两条斜线,点击两条斜线所夹的外圆的边,修剪圆弧,如图2-18所示。

第六步,选择"偏移"工具,选中中间的横线往上偏移1mm,如图2-19所示。

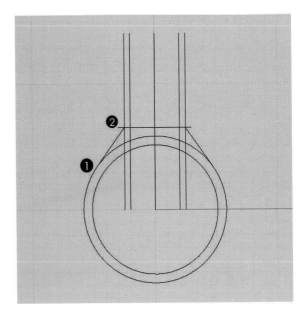

图2-17 第四步示意图

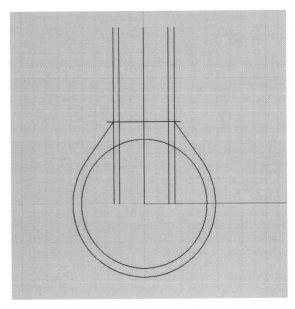

图2-18 第五步示意图

第七步,选择①②号线各往内偏移0.5mm,得到③④号线,作为辅助线,如图2-20所示。

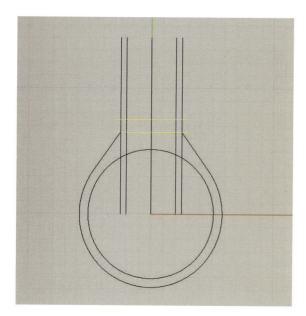

图 2-19 第六步示意图

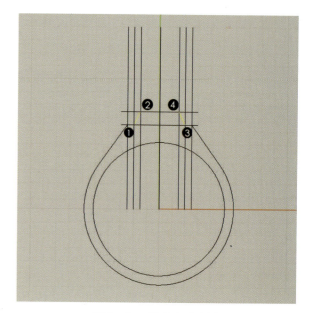

图 2-21 第八步示意图

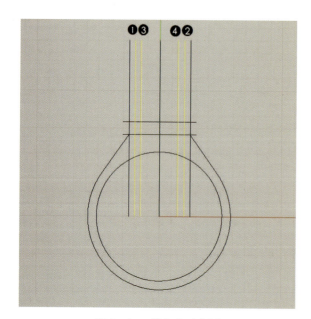

图 2-20 第七步示意图

第八步，用"直线"工具 连接①②、③④，如图 2-21 所示。

第九步，删除多余的辅助线，选择"修剪"工具 ，修剪多余的线，得到顶视图戒指的轮廓，如图 2-22 所示。

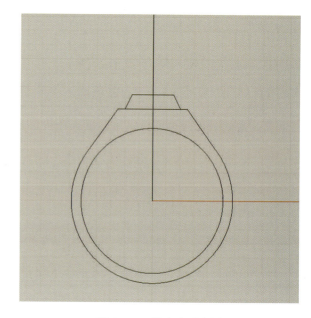

图 2-22 第九步示意图

3. 制作戒指的戒身部分

第一步,选中戒身部分的曲线,选择"合并"工具 ,将相邻的线条合并起来。

第二步,选择"挤出封闭的曲线"工具 ,选中图2-23所示的黄线,挤压距离设为4mm,得到实体。我们在透视图中可以清楚地看到,如图2-23所示。用鼠标点击透视图区域,再点击标准工具栏中的"着色模式控制视窗" ,这个工具可以即时渲染三维实体模型,有利于我们在建模的时候更清楚地把握实体模型,如图2-24所示。

图2-24 渲染三维实体模型

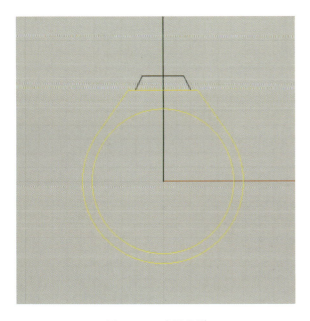

图2-23 选择黄线

第三步,我们将戒身部分做倒角处理。选择"实体倒角"工具 ,选择图2-25A所示的两条边,倒角半径为0.3mm,得到效果如图2-25B中所示。倒角的时候注意先倒大的角,再倒小的角。选择戒身的上下内外的棱角将其倒角,倒角半径为0.05mm。这样戒身部分就做好了,效果如图2-25C、D所示。

4. 制作戒指的石位部分

在镶嵌首饰中,首饰有无镶嵌底座对宝石的光泽度有很大影响,一般情况下是必须留下石位的,这样好让光线从底座照射到宝石的底部,以使宝石的光泽更加明亮。

第一步,在"Front"视图按右键将出现一个菜单,如图2-26所示,选择"Back"视图,这样便于我们操作。然后打开"捕捉"工具,点击"交点" ,选择从中点画"矩形"工具 ,在"Top"视图中点击交点①号点,再把鼠标移到"Back"视图工作区域内,画边为3mm的正方形,如图2-27所示。

第二步,选择"偏移"工具 ,在"Back"视图工作区内,选中上一步画出来的正方形,向内偏移0.4mm,如图2-28所示。

第三步,选择"将曲线拉置曲面"工具 ,选择第一步画的边为3mm的正方形,投影拉置图2-29A所示的黄色那个面上,作为石位底座和戒身部分相连接的地方,如图2-29B所示。

· 29 ·

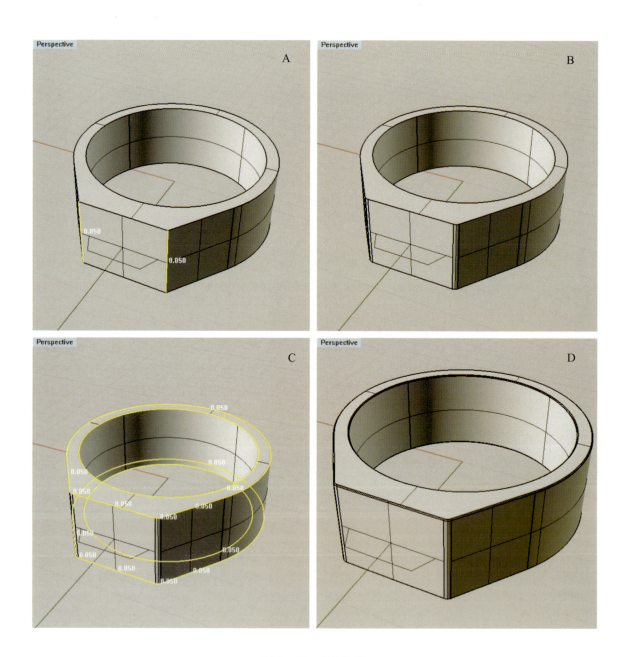

图 2-25 戒身处理

图2-26 "Front"视图右键出的菜单

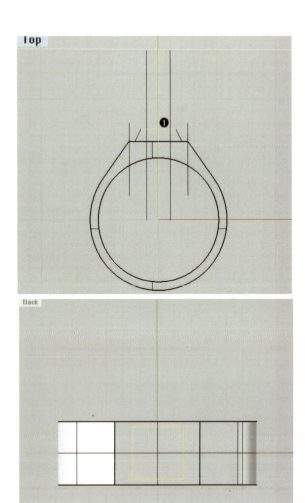

图2-27 画个正方形

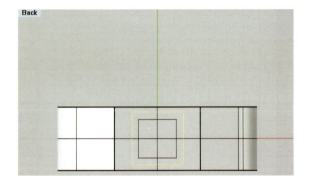

图2-28 偏移正方形

第四步,选择"放样"工具（图2-30）,选择①②两条线,按右键确定进行Loft放样,这时候会出现对话框,里面有一些选项,可以根据需要进行相应的调节,选择默认"标准",再点击"确定",这样放样就完成了。另外注意下面的两个白色箭头,方向位置要一致,假如不一致的话,需要通过点击鼠标左键进行调节,如图2-31～图2-32所示。

第五步,选择"隐藏"工具,选择刚才放样出来的曲面,选择"隐藏未选取的物件"（图2-33）,得到效果如图2-34所示。

第六步,选择"偏移曲面"工具（图2-35）,选择曲面往内偏移0.1mm,偏移的时候注意面的法线箭头,法线朝外,意味着朝外偏移,法线朝内,意味着朝内偏移,可以通过点击鼠标左键来调节法线的方向,如图2-36所示。

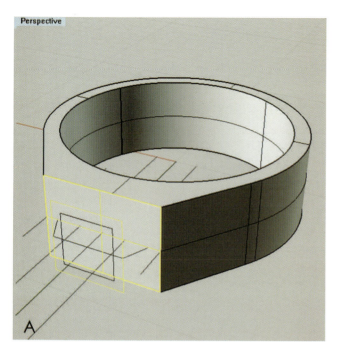

图 2-30 选择"放样"

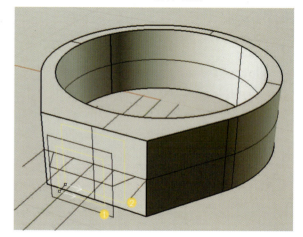

图 2-31 放样

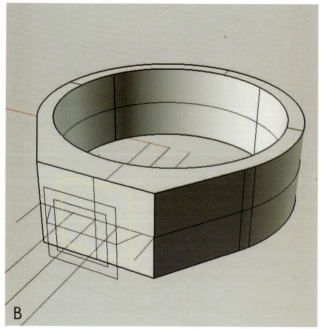

图 2-29 将曲线拉置曲面工具

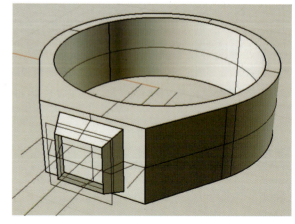

图 2-32 放样后效果

图2-33 选择"隐藏未选取的物件"

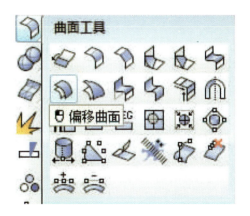

图2-35 选择"偏移曲面"工具

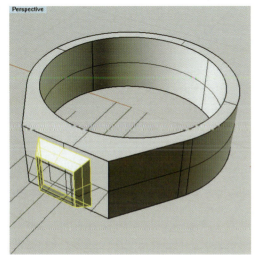

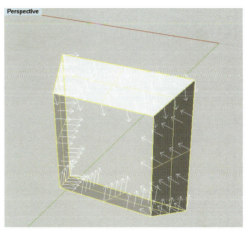

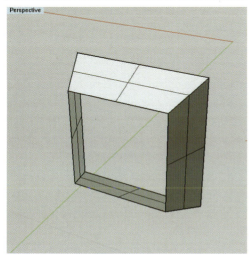

图2-34 选择"隐藏未选取的物件"后的效果

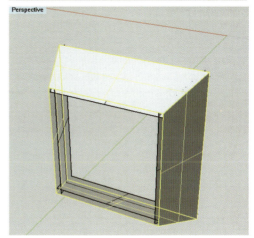

图2-36 偏移曲面

第七步,选择"修剪"工具,把①②③④点多余的部分剪去,如图2-37所示。

住"Shift"画线,这样可以锁住平行。再选择"修剪"工具,剪去黄线以下多余的部分,如图2-38所示。

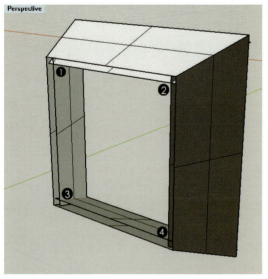

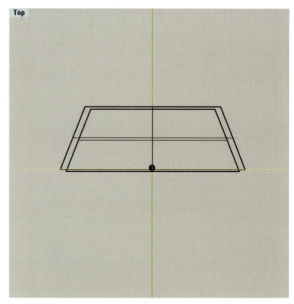

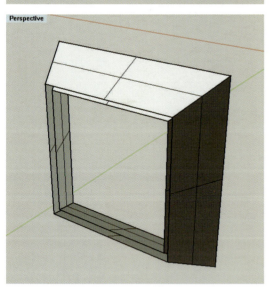

图2-37 修剪

图2-38 剪去黄线多余的部分

第八步,选择"从中点画直线"工具,打开"捕捉"工具,选择"中点",以图2-38中①点为中点画直线,同时按第九步,按住"Shift"键,选中图2-39黄色所示的4个单独的面,选择"组合"工具,把这4个面组合起来,如图2-39所示。

图2-39 组合面

第十步,选择"复制边框"工具 (图2-40),选中这两个面按右键,复制两个面边框,如图2-41所示。

图2-40 选择"复制边框"工具

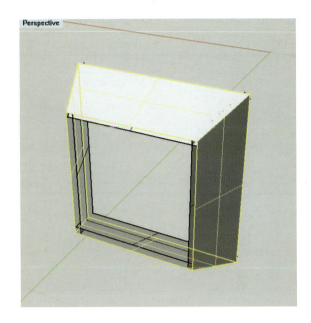

图2-41 复制边框

第十一步,选择"放样"工具,选择①②两条曲线,然后按"确定"进行放样,打开"捕捉"工具,点击"中点",把白色的箭头移到中点的位置上来,如图2-42A所示,在这里有利于产生比较好的面。新生的面如图2-42B所示。

第十二步,用同样的方法,把后面的面也做起来。注意在这里放样的时候白色箭头要一致,也要移到中点上来,如图2-43所示。

第十三步,选择"组合"工具 把这4个面组合起来。然后按右键,显示物件,看石位和戒身的关系图,如图2-44所示。

5. 制作戒指的镶口部分

第一步,选择"三点画圆"工具,打开"捕捉"工具,选择"中点",在"Back"视图中,以①②③为辅助点画圆圈,如图2-45所示。

第二步,再选择"圆与数条曲线相切"工具,以下面三条白色的边为辅助画小圆圈,如图2-46所示。

· 35 ·

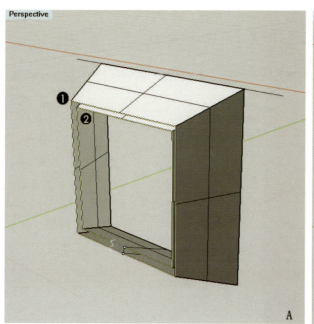 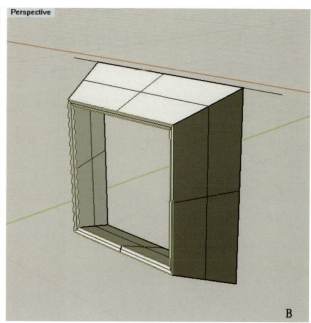

图 2-42 放样新生面

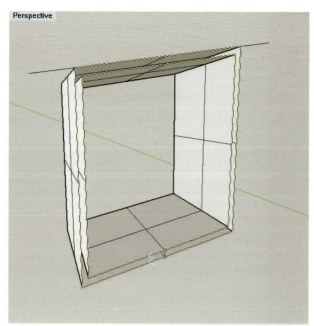 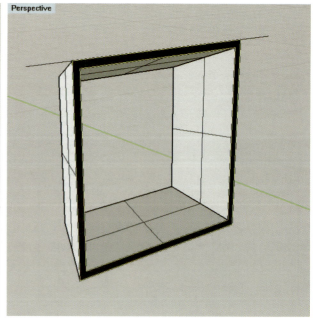

图 2-43 做后面的面

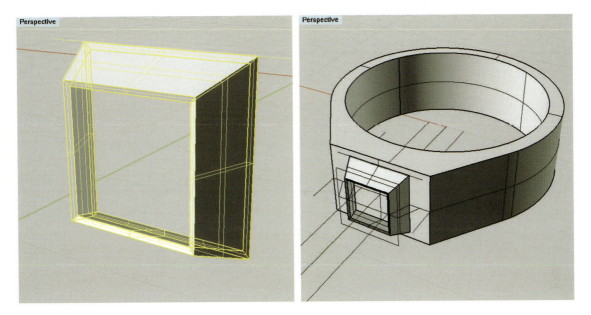

图 2-44 组合后显示物件

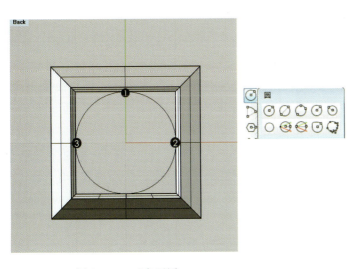

图 2-45 三点画圆

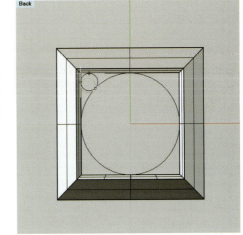

图 2-46 再画小圆圈

第三步,选择"曲线偏移"工具,选中上一步画出的小圆,网内偏移 0.05 个单位,如图 2-47 所示。再将里面刚画的小圆选中在"Top"工作视窗中,垂直往下拖,与底面重合。在图 2-47①号位置点。

第四步,选择"放样"工具,选择图 2-48 中的两个黄圆圈,进行放样,注意白色箭头一致,效果如图 2-48 所示。

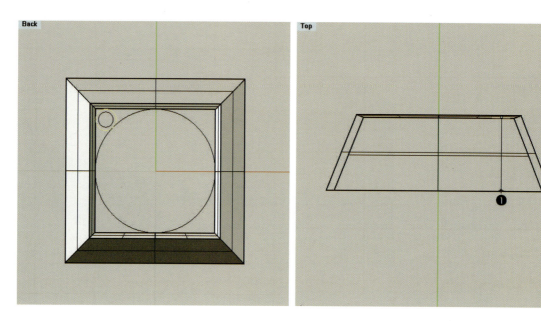

图 2-47 偏移曲线

图 2-48 放样

画圆球,如图 2-49 所示。

第六步,按右键 ,选择"以结构线分割曲面"命令,以"四分点"为"捕捉"工具,把球体分成两部分。在命令提示栏中,可以用鼠标左键选择和切换改变结构线的方向。然后删除多余的面,把图 2-50 右图黄色部分的曲线删除,如图 2-50 所示。

第七步,选择"组合"工具 ,把图中的两个曲面组合起来,合并成一个曲面。然后选择"将平面洞加盖"命令 ,将这个曲面的后面封闭,变成一个实体,如图 2-51 所示。

第八步,选择"环形阵列"工具 ,打开"捕捉"工具中的"中心点",以中心点为基点,项目数设为 4,进行环形阵列,如图 2-52 所示。

第九步,在 Rhino 软件中,我们可以安装一个 Techgems 珠宝设计插件,里面有各种各样的钻石模型,我们可以在这里直接选取所需要的钻石,大小可以根据自己的需要设置,非常方便。我们在这里选择 ,以大圆的中心作

第五步,选择"直径画球"工具 ,打开"捕捉"工具中的"四分点",以图 2-49 圆圈中的两个"四分点"为辅助点

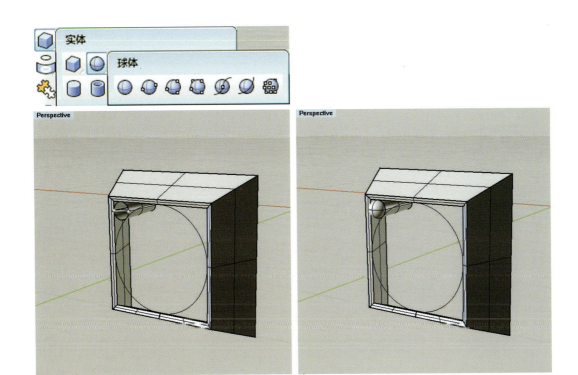

图 2-49 画球体

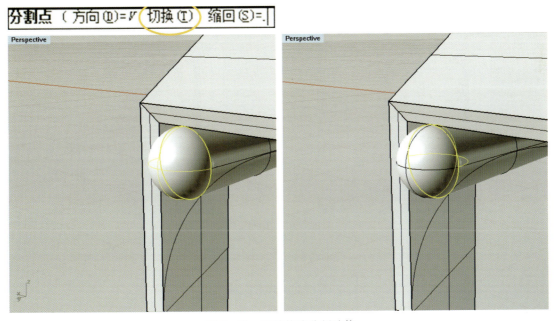

图 2-50 以结构线分割球体

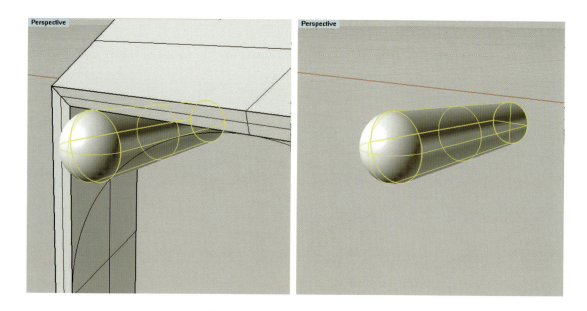

图 2-51 将平面洞加盖

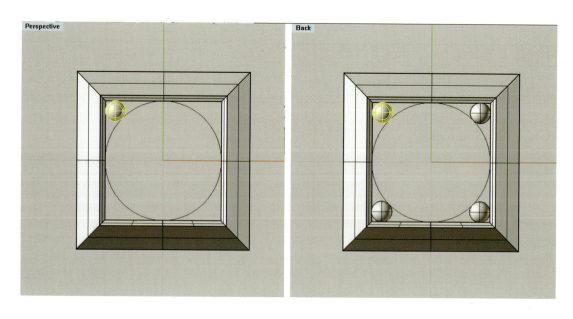

图 2-52 环形阵列

· 40 ·

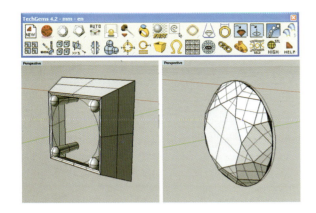

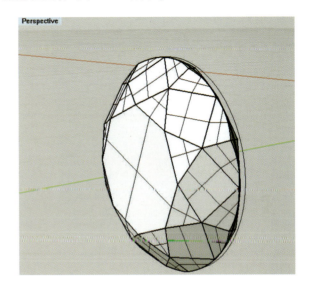

图2-53 做钻石

为中心点做一个直径为2.02mm的钻石,如图2-53所示。

第十步,选中如图2-54所示的大圆曲线和钻石,点击"隐藏未选取物件" ,留下选中的物体。我们发现钻石的位置与第九步中大圆的位置不贴合,如图2-54所示,我们要调整钻石的位置至贴合四爪的位置。打开"捕

捉"工具点击"四分点",选择"移动"工具 ,把①号点移至②号点。这样做的意思是以大圆为辅助线,将钻石拉至合适的位置,如图2-55所示。

图2-54 位置不贴合

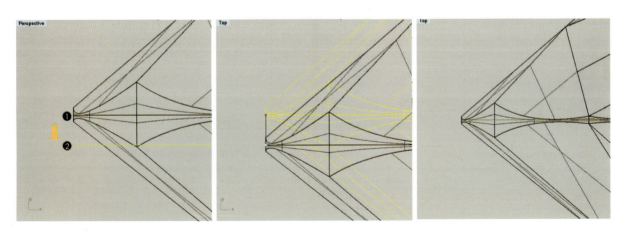

图2-55 调整钻石的位置

第十一步,显示隐藏物件,这样镶口部分就做好了,如图2-56所示。

6.对戒指进行倒角

在进行建模的时候,一般都会将物体进行倒角,为使物件的造型看起来更漂亮、圆润,也符合制造的工艺。选

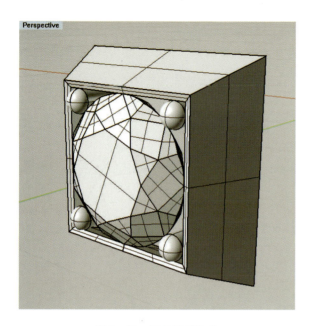

图 2-56　显示隐藏物件

图 2-57　之前做好的模型

择"倒角"工具 ▣，鼠标左键选择物体的边角部分，可以依次选取多个边角线，这时边角线成黄色。倒角的时候注意要先倒大的角，再倒小的角。显示之前所做的所有模型，如图 2-57 所示。

第一步，选择"实体倒角"工具 ▣，对图 2-58 的两条黄边进行半径为 0.5mm 的倒角，如图 2-58 所示。

第二步，再次选择"实体倒角"工具 ▣，对戒身的边进行半径为 0.1mm 的倒角，如图 2-59 所示。

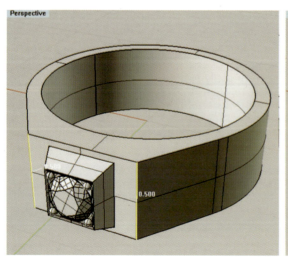

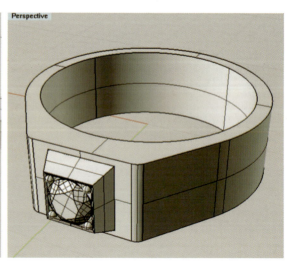

图 2-58　对黄边进行倒角

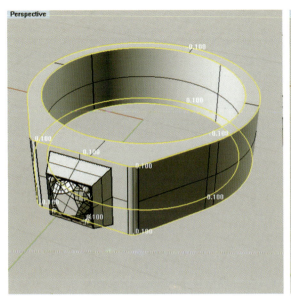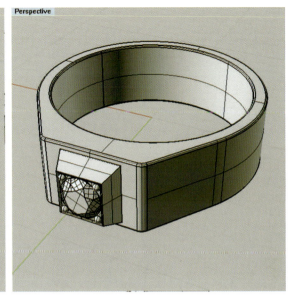

图 2-59 对戒身的边进行倒角

第三步,留取图 2-60 的物体,隐藏其他部分。再次选择"实体倒角"工具 ⬛,对物体黄色的边进行半径为 0.01mm 的倒角,如图 2-60 所示。

第四步,我们发现上一步的倒角在边线交接部分有一个洞,如图 2-61 所示。需要把这个洞补上。平时在做图的时候也会碰到类似的问题,可以用很多种方法来解决这个问题。在这里介绍用双轨扫描工具来进行补面,在这里用这种方法补的面比较自然。

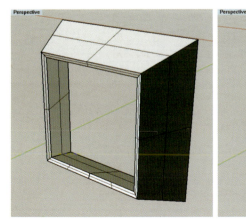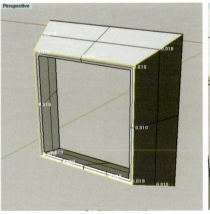

图 2-60 对黄边进行倒角

选择"双轨扫描"工具,根据命令提示栏中的提示进行操作,先选取路径,再选择断面曲线,按右键进行确定,会跳出图2-62的对话框,再按"确定"就做好了。如图2-62所示,用同样的方法把其他3个角也做起来。然后再选择"组合"工具,将下面的面进行合并,如图2-63所示。这样就把戒指的倒角做好了。

第五步,在菜单栏中选择"编辑→选取物件→曲线"选取工作窗中的曲线,按"隐藏"工具,将曲线隐藏,这样我们可以清楚地看到戒指的全身模型了,如图2-64所示。

图2-61 交接部分的洞

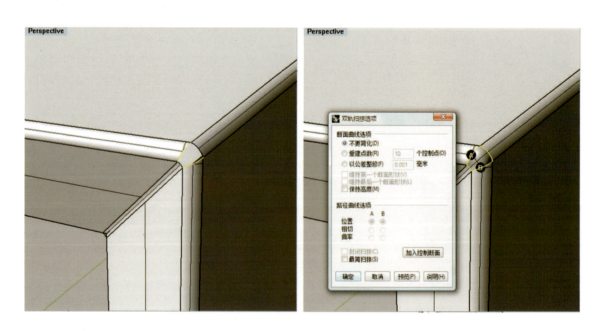

图2-62 补面

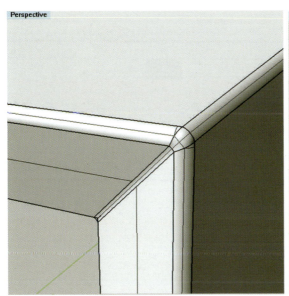
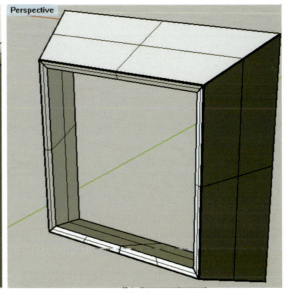

图 2-63　面已补好

2.2　高级首饰渲染

2.2.1　KeyShot 的基础知识

渲染是模拟物理环境的光线照明、物理世界中物体的材质质感来得到较为真实的图像的过程。通过对首饰 Rhino 模型的渲染,得到较为真实的照片效果。我们一般用 Rhino 进行建模,然后把 Rhino 的数字模型导入 KeyShot 软件里进行渲染。

Rhino 3D 自身的渲染系统是非常有限的,相比其他的三维设计软件如 3DMax、Maya 等软件,Rhino 自带的渲染系统显得较弱,用起来也不是很方便。我们这里介绍用 KeyShot 软件进行渲染,非常简单易用,是目前主流渲染软件之一。

KeyShot 是基于 LuxRender 开发,属于 Luxion 公司,前身是 HyperShot。KeyShot 意为"The Key to Amazing

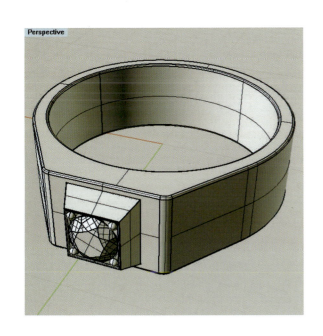

图 2-64　戒指的全身模型

Shots",是一个互动性的光线追踪与全域光渲染程序,无需复杂的设定即可产生相片般真实的 3D 渲染影像。可实现直接渲染、可实时创作和处理高分辨率 3D 数字图像。设计的渲染是动态进行的,其效果极为真实,并且具有图形细节。

1. 对 KeyShot 工作界面的认识

这里介绍用 KeyShot5.0 版本进行渲染。KeyShot 的操作界面非常简单易用,整个工作界面一目了然,没有很多的菜单和命令。操作界面非常简洁,参数设置很简单。图 2-66 为 KeyShot5.0 的初始界面,现在场景中还没有任何对象,需要导入模型。

图 2-66　KeyShot5.0 的初始界面

图 2-65　KeyShot5.0 软件

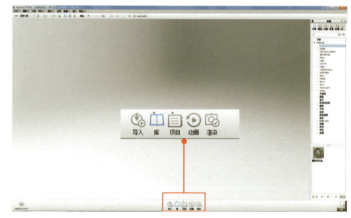

图 2-67　主要功能图标

2. KeyShot 主要功能图标介绍

打开 KeyShot 软件,在界面底部有一个主要功能区。它有"导入""库""项目""动画""渲染"5 个主要功能图标,如图 2-67 所示。

这个主要功能图标有以下几种。

(1)导入模型:点击"导入"图标打开窗口,点击"导入"

导入 Rhino 模型,如图 2-68、图 2-69 所示。

(2)库:显示材料库,材料库里有自带的材质、颜色、环境、背景、纹理,如图 2-70 所示。

(3)项目:场景里的模型文件参数可以在这里更改。包括编辑材质、调整环境、灯光、背景、相机等,如图 2-71 所示。

(4)动画:可以设置场景里的物件动画效果,如图 2-72 所示。

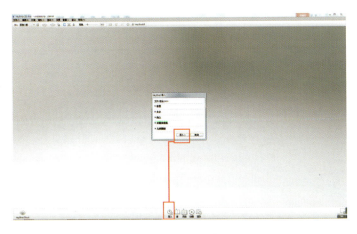

图 2-68 导入模型

图 2-69 导入模型后的状态

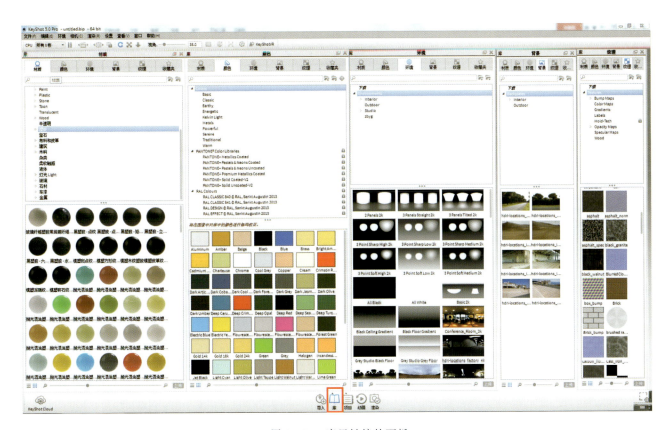

图 2-70 库里链接的面板

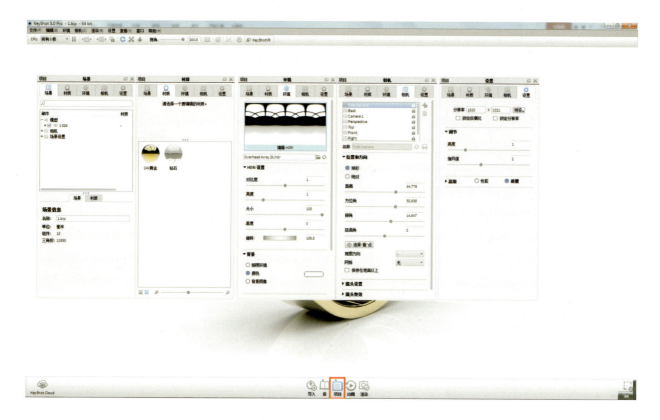

图 2-71 项目里链接的面板

(5)渲染：渲染场景里的模型，里面可以设置渲染、图像的参数，如图 2-73 所示。

图 2-72 动画里链接的面板

图 2-73 渲染里链接的面板

3. KeyShot 的材质介绍

KeyShot 里有自带的材质库,在这里有许多预先设定好的材质。有半透明、塑胶、宝石、布料和皮革、建筑、木料、柔软触感、液体、灯光、玻璃、石材、车漆、金属等材质,如图 2-74 所示。

每个这些预先设置好的材质里面包含几个自定义参数面板,可以对其进行再设置。鼠标光标移至被赋予材质的物体上按右键,会出现图 2-74 所示的对话框。再选择"编辑材质",会出现图 2-75 所示的复选框。可以在面板里,对材质参数进行编辑。

图 2-75 鼠标移至被赋予材质的物体按右键出现的面板

2.2.2 渲染实例——戒指渲染

1. 导入模型文件

首先,在导入模型之前,我们需要把三维模型在 Rhino 软件里,把不同的材料分为不同的层,KeyShot 默认 Rhino 的文件是按照 layer 来的。否则导到 KeyShot 软件后赋材质将会分不开。分层可以一开建模的时候就分好,做一部分分一部分,也可以等所有部件都做好后把各个部分分到新的图层里,根据个人的习惯。假如碰到比较复杂的物体,建议大家在开始建模的时候就按顺序把各个

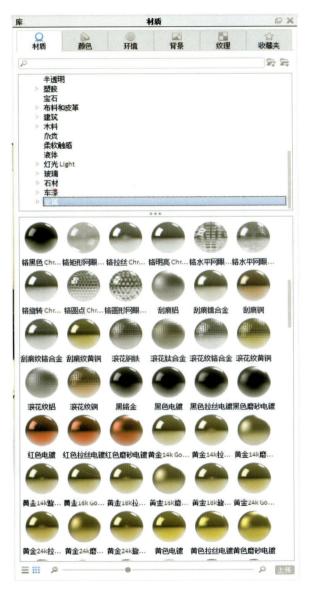

图 2-74 自带的材质库

图 2-76 材质编辑面板

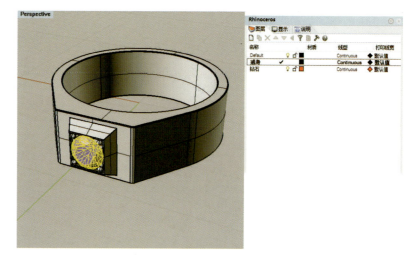

图 2-77 分图层

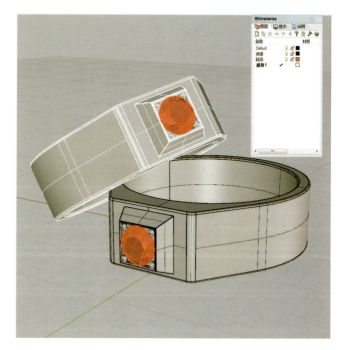

图 2-78 复制模型

部件逐一分层好,这样便于统一管理和操作,如图 2-77 所示。

在这里我们要分的图层就是两个,一个是戒身材质,一个是钻石材质。我们把钻石的材质分到一个新图层里。我们再把这个模型复制一个,做个构图,使其看上去更丰富一点。再将复制出来的戒身部分分别分一个图层,以方便操作,如图 2-78 所示。

打开 KeyShot 软件,会跳出初始界面,如图 2-79 所示。点击"导入模型",选择所要渲染的 Rhino 文件,将模型导入到 KeyShot 软件里,如图 2-80 所示。

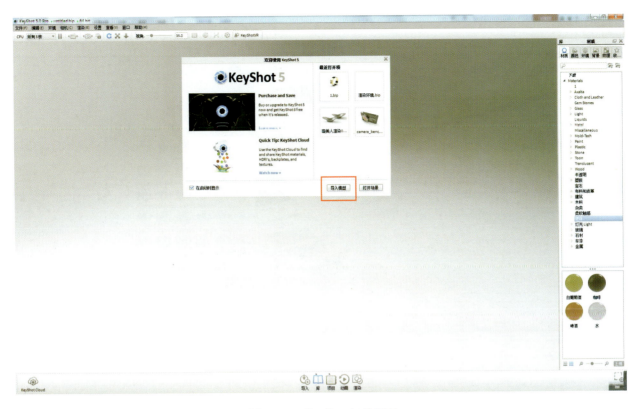

图 2-79 KeyShot 初始界面

图 2-80 模型导入

2. 赋予材质

第一步,点击主要功能按键"库" ,将会显示自带的诸多材质。有半透明、塑胶、宝石、布料和皮革、建筑、木料、柔软触感、液体、灯光、玻璃、石材、车漆、金属等材质。这些都是 KeyShot 自带的材质,我们在这里可以找到常用的各种材质,也可以根据自己的需要在基本的材质上微调自己所需要的效果,也可以全新调制自己所需要的材质。在这里我们选择"金属"材质,会出现金属材质库,如图 2-81 所示。

第二步,选择点击"24K 黄金"材质,按住鼠标左键不放,拖到要赋予材质的物体上,然后再松掉。这样就可以把材质赋予到物体上了,如图 2-82 所示。

· 51 ·

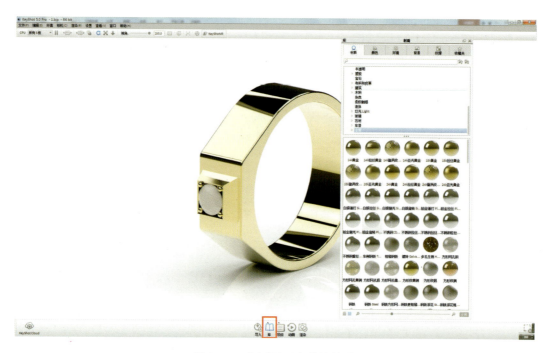

图 2-81 "库"里面自带的材质

图 2-82 给戒身赋材质

第三步,在赋予材质的物体上按鼠标右键,出现以下对话框,如图2-83所示。在这个对话框里可以在"24K 黄金"材质的基础上进行再编辑来改变现有材质的效果,如图2-84所示。

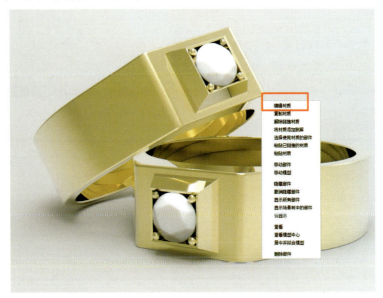

图2-83 在赋予材质的物体上按鼠标右键

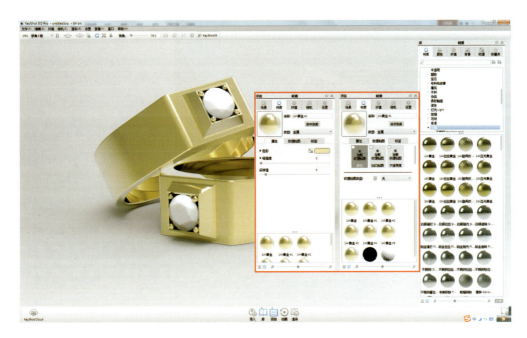

图2-84 在"24K黄金"材质的基础上可进行再编辑

· 53 ·

第四步,同第二步的方法,给钻石贴材质。选择自带材质库中的宝石材质,点击"钻石",如图 2-85 所示。

3. 设置渲染环境

第一步,添加 HDRI 环境贴图。HDRI 图片中包含了色彩信息和亮度信息。它可以作为场景的照明,使渲染的图像更真实,如图 2-86 所示。使用不同的 HDRI 贴图,所呈现的渲染效果也不一样,如图 2-87 所示。

第二步,选择主功能区图标"项目",链接面板点击"环境",可以设置环境相关的参数,可以调节 HDRI 环境贴图的对比度、亮度、大小、高度和角度。可以设置背景的颜色,选择是否需要显示 HDRI 环境贴图和置入相关的背景图像,还可以选择是否需要地面阴影、地面反射等,如图 2-88 所示。

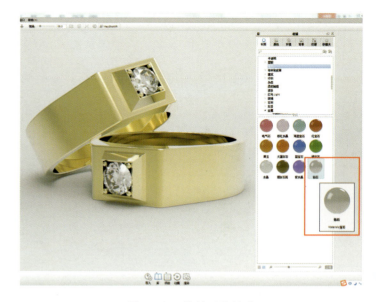

图 2-85　给钻石贴材质

图 2-86　添加 HDRI 环境贴图

第三步，各方面参数都调试好了后，点击主功能菜单中的"渲染"按钮 ，就可以进行渲染了。在渲染操作面板中，可以根据需要对渲染图的尺寸大小、精度等，如图2-89所示。渲染效果如图2-90所示。

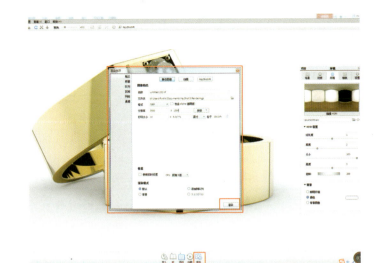

图2-87 使用不同的HDRI贴图呈现不同的渲染效果

图2-89 渲染面板

图2-90 渲染后效果

图2-88 设置环境相关的参数

2.3 首饰电脑三维效果图的后期处理

在渲染好图片后，往往有些地方不满意或者达不到要求，这就需要我们利用Photoshop进行后期处理，把不足的弥补上去，例如有些地方需要加高光，有些地方光泽度不够，有些地方投影效果不是很理想，这就需要对其进行相应的调整。

用 Photoshop 后期处理的内容很多，范围也很广，需要同学们平时多练习，Photoshop 相关的工具和技法都可以运用到产品效果图后期处理上来。

2.3.1 背景的处理

如果先前效果图渲染的有些效果不适用，我们可以在 Photoshop 里对其进行再处理。

第一步，在渲染软件里渲染合成效果图的素材。

由于要处理的是效果图的背景，所以必须将图片渲染的时候，在 KeyShot 储存为 TIFF 格式，这样三维物体的图像和背景图像在 Photoshop 软件里，可以将其自动分开，便于操作。注意在这里"包含 Alpha（透明度）"必须勾选。假如存成 JPG 格式的话，三维物体和背景会连在一起，不便于操作。在 KeyShot 软件主菜单里的 Render 标签选项里进行操作。如图 2-91 所示，注意红色标注范围。

在这里我们要渲染两张图，一张是带地面、投影和倒影的，如图 2-92 所示；一张是不带的，如图 2-93 所示。我们将在下面的操作中将会用到。

图 2-92　勾选上"地面阴影""地面反射"选项

图 2-93　未勾选上"地面阴影""地面反射"选项

图 2-92 把"环境"面板里的"地面阴影""地面反射"选项勾选上了。这样拖动主体物的时候，要连动投影、反射、地面一起选择。

图 2-93 要把"环境"面板里的"地面阴影""地面反射"选项的勾都去掉。这样方便我们在 Photoshop 里对三

图 2-91　渲染选项

维物体图像进行单独编辑。

分别点击"渲染"按键,得到渲染效果如图2-94和图2-95所示。

图2-94　勾选上"地面阴影""地面反射"选项渲染的效果图

图2-95　未勾选上"地面阴影""地面反射"选项渲染的效果图

第二步,把图2-94、图2-95同时在Photoshop软件里打开。

第三步,提取戒指主体物框选范围:选择图2-95,点击右侧工具栏中的"通道",选择Alpha通道。点击"Ctrl"＋鼠标左键,画面中会自动出现一个选区,如图2-96所示。然后用鼠标左键点击右侧工具栏中的"图层"标签,点击"背景图层",会出现以下效果,如图2-96所示。

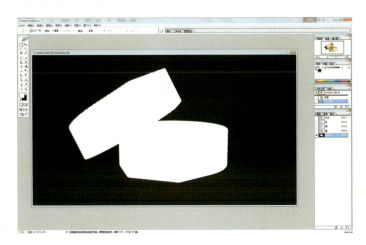

图2-96　提取戒指主体

第四步,双击图2-97所显示的背景图层中的锁,进行解锁。选择工具栏中的"选择"工具，点击鼠标左键不放,可以拖动主体物,将其移入图2-94,如图2-98、图2-99所示。

图2-97　点击背景图层后的效果

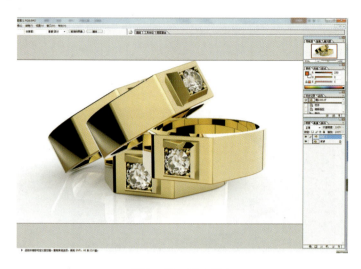

图 2-98 移入图中

图 2-99 戒指主体物移入"勾选上'地面阴影''地面反射'选项渲染的效果图"的效果

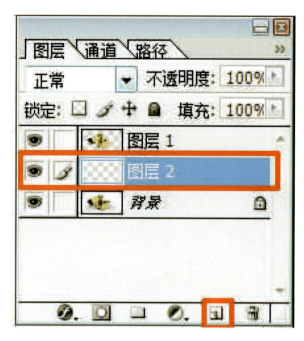

图 2-100 新建图层 2

图 2-101 框定背景选区范围

第五步，添加背景效果。在背景图层和图层 1 之间，新建图层 2，如图 2-100 所示。选择工具栏中的"选框"工具 ，框定选区范围，如图 2-101 所示。

第六步，在工具栏中的颜色选区工具，选择相应的颜色，如图 2-102 所示。选择"渐变"工具 ，在选区内拉渐变，得到效果如图 2-103 所示。

2.3.2 钻石的处理

在渲染的时候，几个材质在同一个场景中不一定会达到最佳的效果，我们可以分别在不同的场景中渲染，然后到 Photoshop 里合成。比如图 2-103 中的钻石效果我不

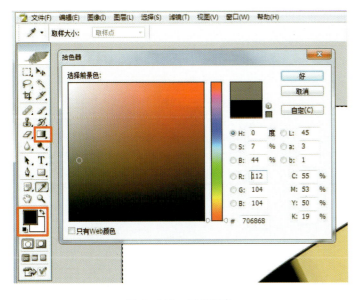

图 2-102 选择颜色

图 2-104 隐蔽戒身部分

图 2-103 添加背景颜色后的效果

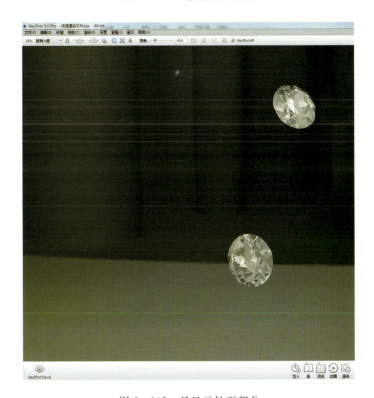

不很满意,钻石的散射效果还没有出来,可以选择一个有利于表现钻石材质的 HDRI 贴图,来进行钻石的渲染。

第一步,回到 KeyShot 渲染场景,为了使钻石更好地反射环境,把戒指的戒身部分隐藏,只留钻石部分。在 KeyShot 软件里,在主体物上点击鼠标右键,会弹出菜单,如图 2-104 所示,点击"隐藏物件",隐藏戒身部分。只显示钻石部分,如图 2-105 所示。

图 2-105 只显示钻石部分

第二步,我们可以在主功能区菜单中点击"库"→"环境"选项,更换 HDRI 贴图,在这里可以选择一个能够比较好地表现钻石效果的贴图,如图 2-106 所示。

第三步,渲染钻石效果图保存成 TIFF 格式,包括"Alpha"通道,导入到 Photoshop 软件。按"Ctrl"+鼠标左键点击通道里的"Alpha",会出现以下虚线显示的选区,如图 2-107 所示。

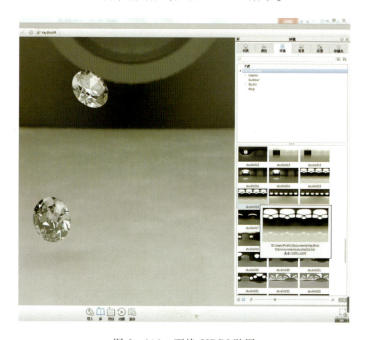

图 2-106　更换 HDRI 贴图

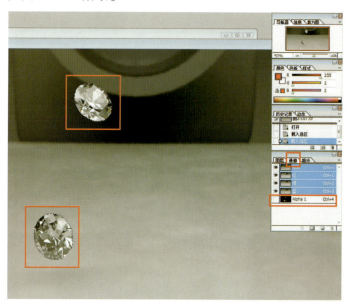

图 2-107　选区

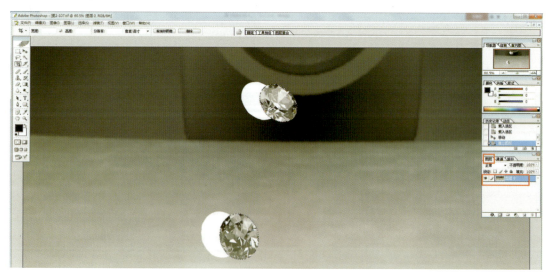

图 2-108　拖动钻石主体物

点击图 2-107 右侧工具栏中的背景图层。选择工具栏中的"选择"工具，点击鼠标左键不放，可以拖动主体物，如图 2-108 所示。

第四步，将图 2-108 选中钻石拖入戒指效果图中，如图 2-109 所示。

第五步，将新拖入的钻石放到原来钻石的位置上。这样钻石的效果比之前看上去更好了，更透明更有光泽。这样效果图就做好了，如图 2-110 所示。

第六步，最后有些不足的地方再修饰一下，也可以再加个背景作为点缀，让图像更丰富，效果如图 2-111 所示。

图 2-109　选中钻石拖入戒指效果图中

图 2-110　替换钻石后的效果图

图 2-111　点缀后效果图

3 JewelCAD 模型表现技法

3.1 JewelCAD 系统概述

随着科技的飞速发展和进步,计算机的普及、应用,计算机辅助加工系统使首饰设计产生了飞跃性的变革,把首饰设计与制造连成了一个整体。JewelCAD 以其高度专业化、高效率、简单易学的特点,在欧美及亚洲的主要珠宝首饰生产发达地区被广泛采用,是珠宝业内人士认可的珠宝首饰设计/制造的专业化 CAD/CAM 软件系统,它推动了珠宝先进科技在传统珠宝业的普及及其应用。JewelCAD 是香港珠宝 CAD/CAM 公司(Jewellery CAD/CAM Limited)于 1990 年开发成功的珠宝首饰专用的计算机辅助设计系统软件,能与 CAD/CAM 系统结合,设计好的文件格式能转换为原型机的文件格式,直接制作蜡膜,实现首饰设计加工的全部自动化。JewelCAD 及激光快速制版机,标志珠宝首饰工业进入一个全新的数据化时代,对传统首饰设计制作工艺产生了深远的影响。

3.1.1 JewelCAD 界面的认识

JewelCAD 由五部分组成,分别是标题栏、菜单栏、浮动工具列、状态栏和绘图区域,如图 3-1 所示。JewelCAD 支持的文件格式分别为 DXF、IGES、STL。

3.1.2 标题栏

JewelCAD 的标题栏用于显示该程序的名称和当前

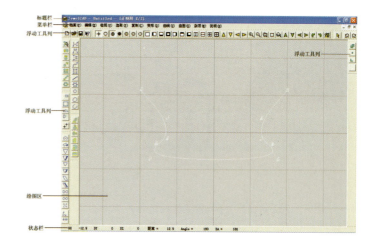

图 3-1 工作界面

操作的文件名称。在标题栏左边的戒指图标处单击鼠标左键,JewelCAD 会弹出如图 3-2 所示的下拉菜单,利用此菜单的选项也可以对窗口的状态进行控制。还可以直接在标题栏处双击鼠标左键,对其进行"最大化"和"还原"的控制。

图 3-2 标题栏

3.1.3 菜单栏

JewelCAD 的菜单栏中包含"档案"(File)、"编辑"(Edit)、"检视"(View)、"选取"(Pick)、"复制"(Copy)、"变形"(Deform)、"曲线"(Curve)、"曲面"(Surface)、"杂项"(Misc)和"说明"(Help)10 个菜单项,如图 3-3 所示,它们包括了 JewelCAD 的所有命令。

图 3-3 菜单栏

单击某一菜单将弹出其下拉菜单,例如,单击"变形"菜单,将弹出如图 3-4 所示的下拉菜单。右边有小黑三角的菜单项,表示该菜单下还有子菜单。当用户需要执行某命令时,在该命令处单击鼠标左键即可。

3.1.4 浮动工具列

浮动工具列以图标的形式将 JewelCAD 的功能在窗口中展现出来。其中的按钮是执行指令的快捷方式,可以将其浮于屏幕的任何位置。各工具列的功能分类如图 3-5 所示。

图 3-4 下拉菜单

图 3-5 浮动工具列

用户只需要单击这些图标就可以执行 JewelCAD 的相关命令。将鼠标指针在某一个按钮处停留一下,鼠标指针下方就会出现一个矩形框,显示出该工具按钮的名字(工具提示标记),如图 3-6 所示。

图 3-6 工具提示

3.1.5 状态栏

JewelCAD 的状态栏位于窗口的底端,如图 3-7 所示。状态栏用于显示当前光标所处的位置(x、y、z 的三维坐标值),以及显示当前操作或选择工具后的操作信息,因此它会随着操作的不断变化而变化。

图 3-7 状态栏

3.1.6 绘图区

绘图区是 JewelCAD 进行绘图和图形编辑的区域,用户的整个制作过程都是在绘图区里完成的。JewelCAD 的系统默认为"正视图",用户可根据自己的需要在不同的视图里进行,如图 3-8 所示。

3.1.7 资料库

"档案"(File)菜单下的资料库(Database)在 Jewel-CAD 里应用较广泛。资料库内的设计缩图可以直接应用到新创建的图像当中,如图 3-9 所示。在对话框中列出了 JewelCAD 资料库的所有目录和子目录;设计缩图面板中显示的则是各个目录相对应的设计图。并且还可以向资料库内添加自己的设计图形。

3.1.8 宝石

在"杂项"(Misc)菜单的下拉菜单内有"宝石"(Jewel)项,点击这一命令会弹出一对话框,可以直接将所需的宝石调出来,如图 3-10 所示。

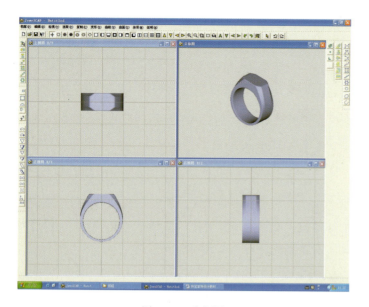

图 3-8 多视图

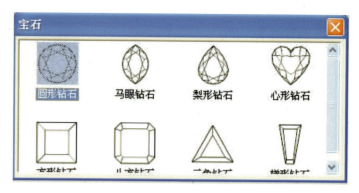

图 3-10 "杂项"下拉菜单内的"宝石"项

绘轮廓。选择此命令后,屏幕上会弹出"背景图像"对话框,如图 3-11 所示。

图 3-11 "背景图像"对话框

注意:JewelCAD 只接受 BMP 格式的背景图片。
"背景图像"对话框中的内容介绍如下。
【空白背景】:选择该项将不会显示背景图片。
【背景图像文件】:用户可以向文本框中输入一个文件名,也可以选择右侧的"浏览"按钮,从弹出的对话框中选择所需的文件。

在 JewelCAD 中,背景图像文件有以下几种不同的显示方式。

【真实尺寸】:载入的图像在视图的中心以其实际尺寸显示。

图 3-9 资料库

3.1.9 背景

"背景"命令可将任意一个 BMP 图像文件作为 JewelCAD 绘图区的背景,用户可用它作为参照物来准确地描

【调至图像之最大宽度】：放大或缩小载入图像，使它的宽度适合视图的宽度。

【调至图像之最大高度】：放大或缩小载入图像，使它的高度适合视图的高度。

【调至图像之最大宽度及高度】：放大或缩小载入图像，使它的宽度与高度适合视图的宽度与高度。

【照比例自动调放】：自动放大或缩小载入图像以适合视图。

【锁定于视图上】：将载入的图像锁定在视图上，使得当视图平移或缩放时，图像可以与之一起平移或缩放。

对于"锁定于视图上"一项，用户可以改变显示的图像的位置和大小。改变位置时，用户要定义出置于视图中的图像的中心，只要在图像中心的编辑栏中输入图像中心的水平与垂直坐标值即可。更简单的方法是选取"图像中心"按钮，以可视的方式确定图像的中心。单击"图像中心"按钮后，在窗口内世界坐标系中就可以移动图像中心点了。释放后，图像中心点的位置就确定了，其坐标值也会显示在编辑栏中。在"图像比例"一项中，用户也可以改变图像的大小。选择"重新设定"项，图像中心与图像比例就会重新设置为缺省值。插入背景图片后的绘图区如图3-12所示。

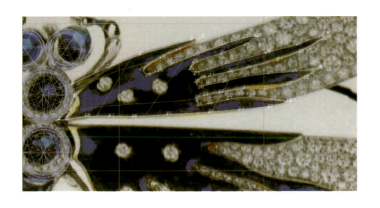

图3-12　插入背景图片的绘图区

3.2　用JewelCAD进行练习

3.2.1　绘制二维图

1）建立直线

(1) 从"档案"菜单开启新档案，也可以点击"New"。

(2) 用鼠标左键点取"Simple Curve"工具。

(3) 单击鼠标左键，生成控制点，拖动鼠标左键，在直线拐角处双击鼠标左键，形成多重点。

(4) 按"空格"键，完成绘图。如图3-13所示。

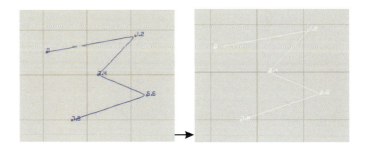

图3-13　建立直线

(5) 或者选择"曲线"(Curve)菜单内的"直线"(Line)命令，会弹出"直线绘制"的对话框，输入或选择一个角度来确定直线的倾斜方向，如图3-14和图3-15所示。

图3-14　输入角度确定直线方向　　图3-15　选择直线倾斜角度

2）建立曲线

(1) 从"档案"菜单开启新档案,也可以点击"New"。

(2) 用鼠标左键点取"Simple Curve"工具。

(3) 单击鼠标左键,生成控制点,拖动鼠标左键。

(4) 点击控制点并按住鼠标左键拖动,可以移动控制点,从而改变曲线形状。

(5) 按"空格"键,完成绘图,如图 3-16 所示。表 3-1 为曲线指令描述。

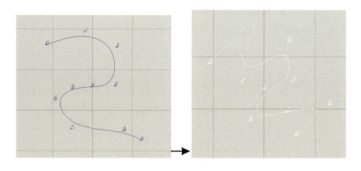

图 3-16　建立曲线

表 3-1　曲线指令描述

图标	指令	描述
	任意曲线 Simple	绘制任意形状的曲线,通过生成控制点和修改控制点来完成对曲线的控制
	左右对称线 Vertical Mirror	绘制左右对称的曲线,生成的曲线以当前视图的垂直轴作为对称轴,生成的控制点左右对称
	上下对称线 Horizontal Mirror	绘制上下对称的曲线,生成的曲线以当前视图的水平轴作为对称轴,生成的控制点上下对称
	旋转180° Revolve 180°	绘制关于 0 点 180°对称的曲线,生成的曲线以当前视图的 0 点作为对称中心,生成的控制点互相旋转 180°
	上下左右对称线 Cycle	绘制上下左右对称的曲线,生成的曲线是封闭的,并以当前视图的垂直轴与水平轴作为对称轴,生成的控制点上下左右对称
	直线重复线 Extend	创建一条重复的直线,通过调整对话框内的参数或自行设定来实现

续表 3-1

图标	指令	描述
	环形重复线 Revolve	绘制的重复线是以环形的方式重复的,通过调整对话框内的参数或自行设定来实现
	圆形 Circle	绘制圆形曲线,其半径/直径等参数通过调整对话框内的参数来实现
	封口曲线 Close	可将选择的开口曲线闭合
	开口曲线 Open	可将选择的封口曲线打开

3）建立多边形

(1) 从"档案"菜单开启新档案,也可以点击"New"。

(2) 用鼠标左键点取"Curve"菜单下的"Polygon"多边形命令,会产生一对话框,如图 3-17 所示。

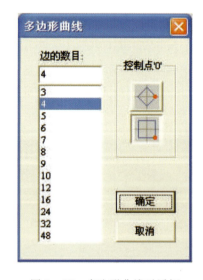

图 3-17　多边形曲线对话框

(3) 选择或输入边数,按"确定",如图 3-18 所示,完成绘图。

3.2.2 绘制三维图

建立曲面,其指令描述如表 3-2 所示。具体命令效果如图 3-19～图 3-26 所示。

表 3-2 曲面指令描述

图标	指令	描述
	直线延伸曲面 Extend	可以将被选取的曲线作为切面,以直线性的路径扫成曲面,通过调整对话框内的参数来实现
	纵向环形对称曲面 Vertical Revolver	可以将被选取的曲线沿着当前视图的垂直轴以环形路径扫成曲面,通过调整对话框内的参数来实现
	横向环形对称曲面 Horizontal Revolver	可以将被选取的曲线沿着当前视图的横轴以环形路径扫成曲面,通过调整对话框内的参数来实现
	线面连接曲面 Loft	可以将被选取的曲线生成一个新的曲面,也可以收集视图中被选取的曲面,将它们连接成一个新的曲面
	管状曲面 Pipe	将选取的曲线作为路径,将其制成与切面一致的如同管子一样的曲面
	导轨曲面 Rail	一个曲面或几个切面沿着一条导轨(曲线)或几条导轨扫成的曲面,通过调整对话框内的参数来实现
	圆柱曲面 Cylinder	直接在绘图区内生成圆柱体
	角锥曲面 Cone	直接在绘图区内生成角锥体
	球体曲面 Sphere	直接在绘图区内生成球体

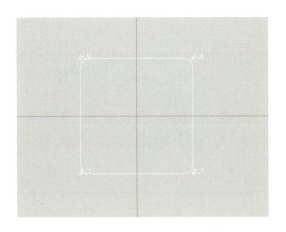

图 3-18 建立多边形

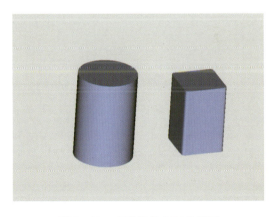

图 3-19 直线延伸曲面效果图

图 3-20 纵向环形对称曲面效果图

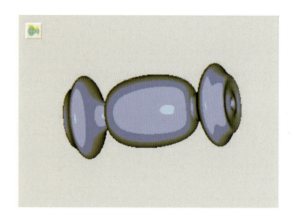

图 3-21 横向环形对称曲面效果图

图 3-22 线面连接曲面效果图

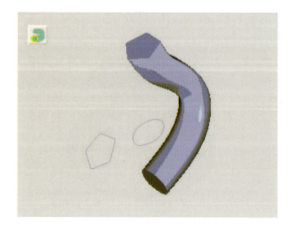

图 3-23 管状曲面效果图

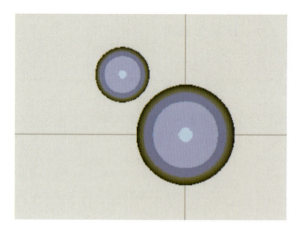

图 3-24 球体曲面效果图

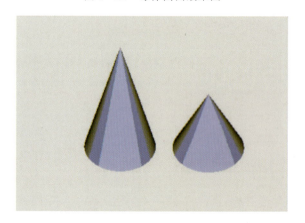

图 3-25 角锥曲面效果图

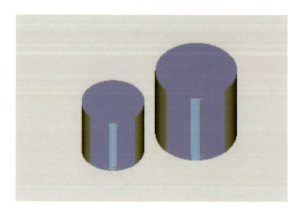

图 3-26 圆柱曲面效果图

3.2.3 首饰三维实体建模

在 JewelCAD 里进行三维建模比较方便,软件拥有强大的曲面建模工具。资料库中包含了大量的首饰零部件,易于修改、变款。渲染速度快,能够较为容易地输出高品质的彩图,还可进行多种设计效果图的对比,仿真性强。

1)范例 1

图 3-27 中的这款戒指采用导轨并爪的镶嵌方式,简洁、时尚,适合年轻、时尚的女性佩戴。

图 3-27 戒指示意图

第一步,制作宝石。

选择"正视图"■和"普通线图"⊕,通常都是在"正视图"和"普通线图"状态下绘图。在"杂项"菜单里选"宝石",调出圆形刻面宝石,调整其直径大小为 7mm,如图 3-28 所示。

第二步,绘制三条导轨和切面,制作戒圈。

(1)选择工具列中的"圆形"○,在窗口中弹出"圆形曲线"对话框。将"直径"设置为 20mm,"控制点数"选择"6","控制点 0"位置选择 0 点在 x 轴下面的控制 0 点位置,然后点击"确定"。

(2)单击工具列中的"开口曲线"○,如图 3-28 所示。

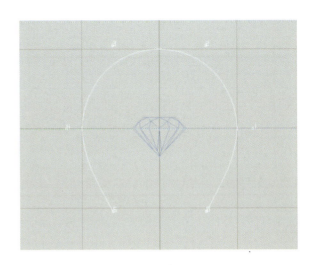

图 3-28 绘制开口曲线

(3)单击窗口中变形工具列中的"反转",把开口曲线进行反转,将开口曲线的开口由朝下转变为朝上,然后用"菜单"中的"曲线"下的"左右对称线",修改至如图 3-29 所示的形状。

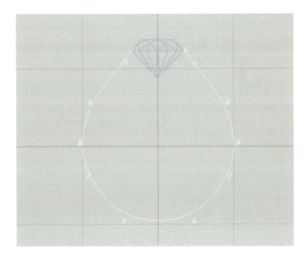

图 3-29 反转曲线

(4)在"右视图"■状态下,对曲线进行"旋转"和"移动",并进行"左右复制",会将曲线以 y 轴为中心进行镜像对称复制,效果如图3-30所示。

图3-30　以Y轴为中心进行镜像对称复制

(5)在"正视图" 状态下,选择工具列中的"左右对称线" ,绘制圆形开口对称曲线作为第三条导轨。现在制作导轨的切面,选择"曲线"菜单中的"上下左右对称线" 绘制一个切面曲线,形状为矩形,如图3-31所示。

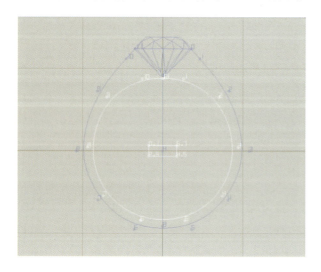

图3-31　绘制切面曲线

(6)导轨和切面都具备了,开始执行"导轨曲面"制作戒圈。在工具栏选择"导轨曲面" ,此时会出现"导轨曲面"对话框,在"导轨"部分选择"三导轨",在"切面"部分选择"单切面"选项,在"切面量度"选择第1列第1个按钮,设置好后单击"确定",如图3-32所示。

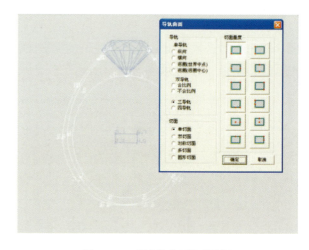

图3-32　"导轨曲面"对话框

(7)进入"导轨曲面"工作状态后,根据状态栏的提示,选择第一条导轨、第二条导轨、第三条导轨,被选中的导轨曲线会变为红色,最后选矩形曲线作为切面曲线,如图3-33所示。

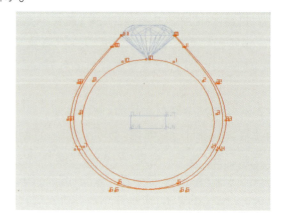

图3-33　确定导轨曲面

(8)执行完命令效果如图3-34所示。

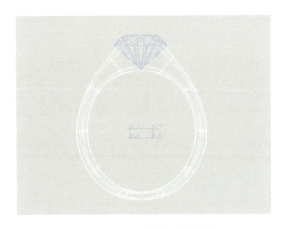

图3-34 金属戒环效果图

图3-36 改变材料后效果图

这样金属戒环完成了。由于软件默认金属为黄金,因此要进行材料的修改。在"编辑"菜单下选择"材料"命令,会弹出"JewelCAD 材料"对话框,如图3-35所示,修改材料为"GoldWhit",在这个选项中可以看到显示的是白色金属材料。"光影图" 效果如图3-36所示。

第三步,绘制金属爪。

(1)在"正视图" 状态下,选择工具列中的"任意曲线" ,绘制如图3-37所示的任意曲线。

(2)在"右视图" 状态下将曲线调整为如图3-38所

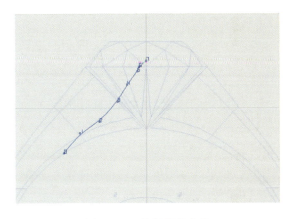

图3-37 绘制任意曲线

图3-35 "JewelCAD 材料"对话框

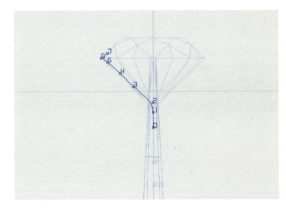

图3-38 绘制一条导轨曲线

示的形状,然后单击"空格"键,完成一条导轨曲线的制作。所画的曲线为下面步骤中"导轨曲面"中的一条导轨曲线。

(3)然后在"正视图" ▯ 状态下将前面制作的导轨曲线选中,进行"左右复制" ▯,如图3-39所示,形成以 y 轴为中心、左右镜像对称的曲线。

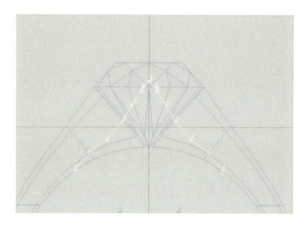

图3-39　绘制左右镜像对称的曲线

(4)在"右视图" ▯ 状态下,工具栏选择"任意曲线" ▯,绘制曲线,如图3-40所示,所画的曲线为下面步骤中"导轨曲面"中的第三条导轨曲线。这样就完成了三条导轨曲线的制作。

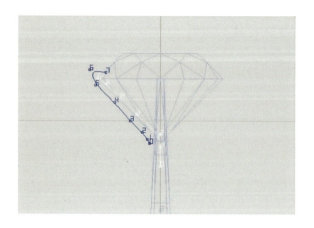

图3-40　绘制第三条导轨曲线

其"正视图" ▯ 如图3-41所示。

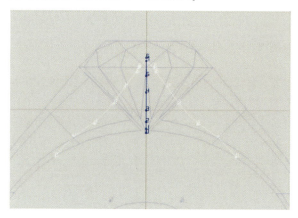

图3-41　正视图

(5)然后创建导轨切面曲线,用"左右对称曲线" ▯ 命令和"封口曲线" ▯ 命令,绘制一条封口的左右对称曲线作为切面,如图3-42所示。

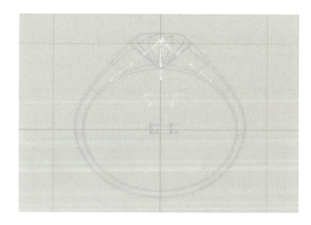

图3-42　绘制一条封口的左右对称曲线

(6)导轨和切面都具备了,开始执行"导轨曲面"制作金属爪。在工具栏选择"导轨曲面" ▯,此时会出现"导轨曲面"对话框,在"导轨"部分选择"三导轨",在"切面"部分选择"单切面"选项,在"切面量度"部分选择第1列第1个按钮,设置好后单击"确定",如图3-43所示。

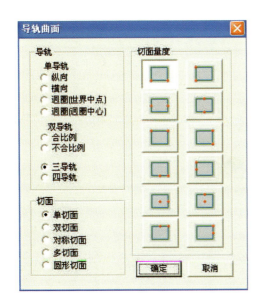

图 3-43 "导轨曲面"对话框

(7)进入"导轨曲面"工作状态后,根据状态栏的提示,选择左边导轨、右边导轨、上边导轨,被选中的导轨曲线会变为红色,最后选切面曲线,如图 3-44 所示。

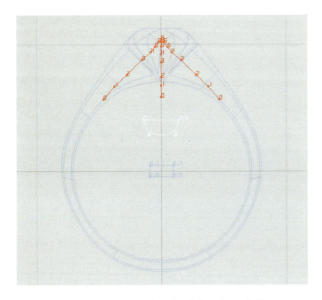

图 3-44 选择三条导轨曲线和切面曲线

命令执行完成效果看"彩图" ◉ ,如图 3-45 所示。

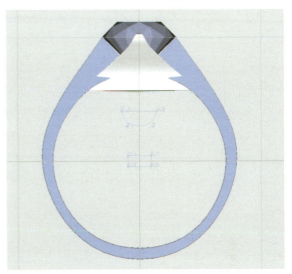

图 3-45 执行完命令效果图

(8)接着要把金属爪的下面部分除去,在"正视图" ▫ 状态下,用"圆形"工具 ○ 绘制一直径与戒指内圈一样大的圆,如图 3-46 所示。

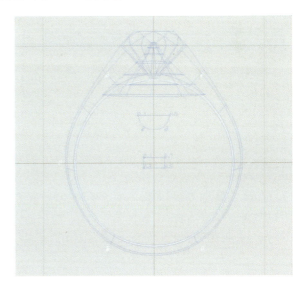

图 3-46 绘制圆圈

(9)选中这个圆,在检视工具列中的选择"右视图" ▫,用"平移"工具 🖱 平移至如图 3-47 的位置。

图 3-49 直线延伸后效果图

图 3-47 选中圆后平移效果图

(10)然后点击"直线延伸"工具 ✏️,会出现一对话框,如图 3-48 所示。

图 3-48 "直线延伸"对话框

完成后如图 3-49 所示。

(11)选择金属爪为被减物,用"布林体相减"工具 ⌐,完成后如图 3-50 所示。

(12)在"右视图"状态下,用"左右复制"工具 🔁,完成后如图 3-51 所示。

这样金属爪就完成了。由于软件默认金属为黄金,因此要进行材料的修改,在"编辑"菜单下选择"材料"命令,

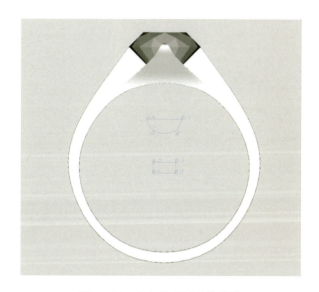

图 3-50 布林体相减后效果图

弹出 JewelCAD"材料"对话框,如图 3-35 所示,修改材料为"GoldWhit"。"光影图" 🔍 效果如图 3-52 所示,最后选中金属部分进行"布林体联集" ▦,自此戒指就绘制完成了。

图 3-51　左右复制

图 3-53　皇冠示意图

图 3-52　戒指绘制完成效果图

图 3-54　带轨道的金属环

2）范例 2

制作如图 3-53 所示的皇冠。

(1)选择"正视图" 和"普通线图" ，通常都是在"正视图"和"普通线图"状态下绘图。先从资料库中调出带轨道的金属环，如图 3-54 所示。

(2)从"曲面"菜单中选择"球体曲面"，如图 3-55 所示。

(3)复制球体，将其排列在环形凹槽中，如图 3-56 所示。

然后设置"环形复制" 的数目为 6 个，如图 3-57 所示。

(4)皇冠顶的制作，在"右视图" 状态下，用"任意曲线" 绘制如图 3-58 所示的曲线。

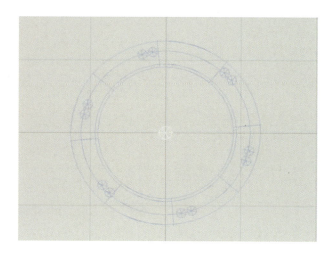

图 3-55 选择球体曲面

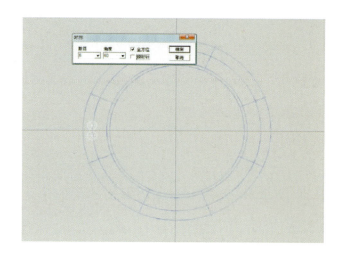

图 3-57 环形复制

图 3-56 复制球体

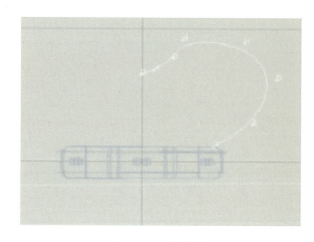

图 3-58 绘制曲线

在"正视图"状态下用"曲线调整"工具调整至如图 3-59 所示的形状,然后进行"左右复制",如图 3-59 所示。

(5)使用双导轨制作一个曲面。如图 3-60 所示,用"左右对称曲线"制作一封闭曲线作为切面,然后进行导轨曲面运算。完成命令效果如图 3-61 所示。

(6)冠上珠子制作。从"曲面"菜单中选择"球体曲面",复制 22 个球体,在"正视图"状态下用"任意曲线"沿着曲面绘制如图 3-62 所示的曲线。

在"右视图"状态下把曲线调整至如图 3-63 所示的位置。

然后选择"曲面/线映射",如图 3-64 所示。

把球体均匀地排列在曲面上,效果如图 3-65 所示。

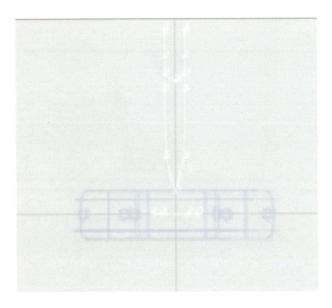

图 3-59　调整曲线形状并复制

图 3-61　导轨曲面运算后效果图

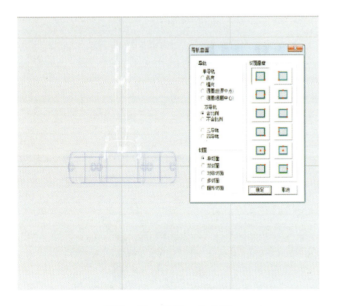

图 3-60　绘制一个曲面

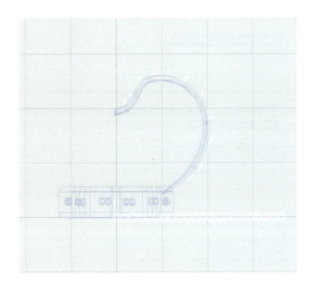

图 3-62　绘制球体和曲线

然后设置"环形复制"的数目为12条，效果如图3-66、图3-67所示。

最后，绘制一球体，皇冠制作完成，如图3-68所示。

3) 范例3

如图3-69所示，这款挂坠采用白金和黄金搭配制作，并采用爪镶的方式，辅以曲面造型，简洁、时尚，适合年轻女性佩戴。

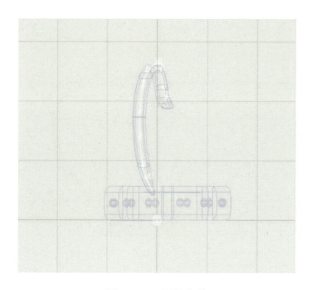

图 3-63　调整曲线

图 3-65　把球体均匀地排列在曲面上

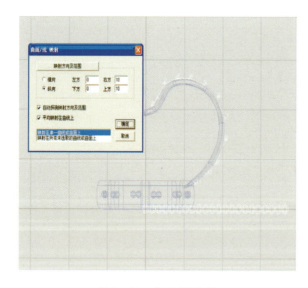

图 3-64　曲面/线映射

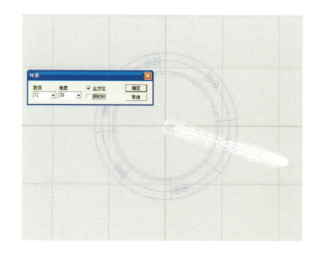

图 3-66　复制环形

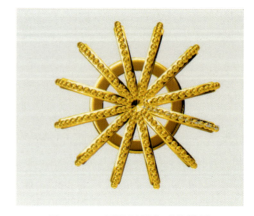

图 3-67　环形复制完后效果图

第一步，制作宝石。

①选择"正视图"▢ 和"普通线图"⊕，通常都是在"正视图"和"普通线图"状态下绘图。在资料库里调出包镶宝石，如图 3-70 所示，选择"Rnd00002"。

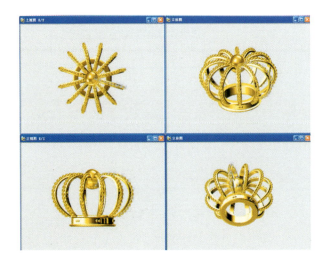

图 3-68 皇冠详视图

图 3-70 JewelCAD 资料库的 Rnd00002

图 3-69 挂坠示意图

图 3-71 选择"反下"操作

②在"变形"菜单下选择"反转"命令中的"反下"操作,如图 3-71 所示。

第二步,①选择工具列中的"任意曲线" ![icon]，绘制如图 3-72 所示的两条曲线。创建导轨切面曲线,用"左右对称曲线" ![icon] 命令和"封口曲线"命令 ![icon],绘制一条封口的左右对称曲线作为切面,如图 3-72 所示。

②导轨和切面都具备了,开始执行"导轨曲面"制作戒圈。在工具栏选择"导轨曲面" ![icon],此时会出现"导轨曲面"对话框,在"导轨"部分选择"双导轨"的"不合比例",在"切面"部分选择"单切面"选项,在"切面量度"部分选择第 1 列第 1 个按钮,设置好后单击"确定",如图 3-73 所示。

③对制作的金属钩进行"环形复制" ![icon],复制数目是

· 79 ·

图 3-72 绘制曲线

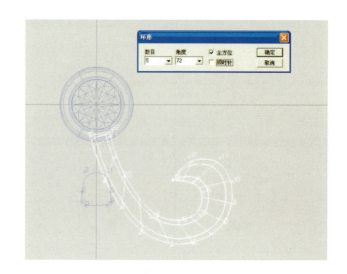

图 3-74 复制环形

图 3-73 利用"导轨曲面"调整

图 3-75 绘制曲线

5,如图 3-74 所示。

第三步,①选择工具列中的"任意曲线" ,在"正视图" 状态下,绘制如图 3-75 所示的两条曲线。

②在"右视图" 状态下把曲线调整至如图 3-76 所示的形状。

创建导轨切面曲线。用"左右对称曲线" 命令和"封口曲线" 命令,绘制一条封口的左右对称曲线作为切面,并进行"导轨曲面"运行,在工具栏选择"导轨曲面" ,会出现"导轨曲面"对话框,在"导轨"部分选择"双导轨"的"不合比例",在"切面"部分选择"单切面"选项,在"切面量度"部分选择第 1 列第 3 个按钮,设置好后单击"确定",如图 3-77 所示。

③对制作的花瓣进行"环形复制" ,复制数目是 5,

· 80 ·

图3-76 调整曲线

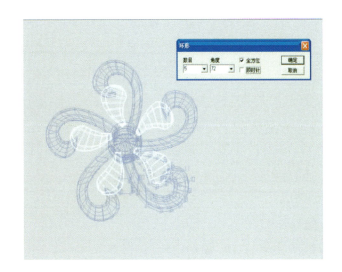

图3-78 环形复制

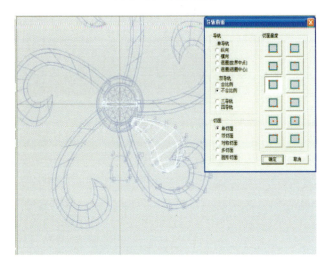

图3-77 "导轨曲面"对话框

图3-79 绘制曲线

如图3-78所示。

第四步,①选择工具列中的"任意曲线",在"正视图"状态下绘制如图3-79所示的两条曲线。

②在"右视图"状态下把曲线调整至如图3-80所示的形状。

③创建导轨切面曲线。用"左右对称曲线"命令和"封口曲线"命令,绘制一条封口的左右对称曲线作为切面,并进行"导轨曲面"运行,在工具栏选择"导轨曲面",会出现"导轨曲面"对话框,在"导轨"部分选择"双导轨"的"合比例",在"切面"部分选择"单切面"选项,在"切面量度"部分选择第1列第1个按钮,设置好后单击"确定",如图3-81所示。

图 3-80 调整曲线

图 3-82 绘制两条曲线

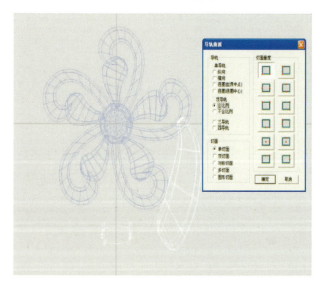

图 3-81 "导轨曲面"对话框

图 3-83 调整曲线形状

④选择工具栏中的"任意曲线" ，在"正视图" 状态下绘制如图 3-82 所示的两条曲线。

⑤在"右视图" 状态下把曲线调整至如图 3-83 所示的形状。

⑥创建导轨切面曲线。用"左右对称曲线" 命令和"封口曲线" 命令，绘制一条封口的左右对称曲线作为切面，并进行"导轨曲面"运行，在工具栏选择"导轨曲面" ，在"导轨"部分选择"双导轨"的"合比例"，在"切面"部

分选择"单切面"选项,在"切面量度"部分选择第 1 列第 1 个按钮,设置好后单击"确定",如图 3-84 所示。

⑧在"右视图" ▢ 状态下把曲线移至如图 3-86 所示的位置。

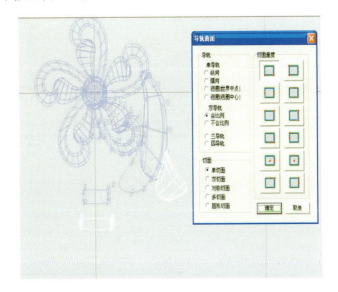

图 3-84　创建导轨切面曲线

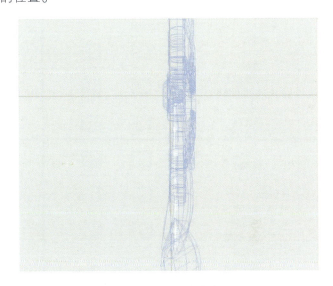

图 3-86　移动曲线

⑦选择工具栏中的"任意曲线" ✏,在"正视图" ▢ 状态下绘制如图 3-85 所示的两条曲线。

⑨创建导轨切面曲线。用"左右对称曲线" ⚒ 命令和"封口曲线" ◯ 命令,绘制一条封口的左右对称曲线作为切面,并进行"导轨曲面"运行,在工具栏选择"导轨曲面" ▦,会出现"导轨曲面"对话框,如图 3-87 所示,在"导轨"部分选择"双导轨"的"不合比例",在"切面"部分选择"单切面"选项,在"切面量度"部分选择第 1 列第 1 个按钮,设置好后单击"确定",如图 3-88 所示。

⑩在工具栏选择"布林体相减" ⌐,效果如图 3-89 所示。

⑪进行宝石镶嵌,在资料库菜单选择"Rnd00013",复制 3 个,排列如图 3-90 所示。

图 3-85　绘制两条曲线

⑫选中花瓣,在工具栏选择"环形复制" ✿ 按钮,复制数目为 5 个,如图 3-91 所示。

第五步,①在工具栏选择"圆形" ◯ 绘制一圆,选择"管状曲面" ➰,出现对话框,直径设为 0.4,选择"圆形切

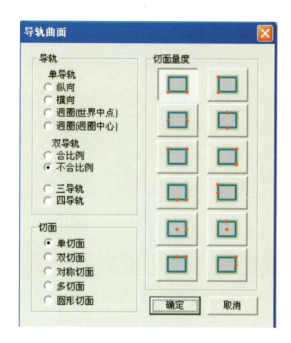

图 3-87 "导轨曲面"对话框

图 3-89 "布林体相减"效果图

图 3-90 宝石镶嵌

图 3-88 导轨切面曲线效果图

面",完成后如图 3-92 所示。

②制作瓜子扣,在工具栏选择"左右对称曲线"绘制一曲线,如图 3-93 所示。

③在工具栏选择"直线重复线",对此曲线进行直线复制,如图 3-94 所示。

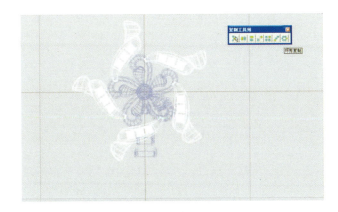

图 3-91 环形复制

图 3-93 绘制左右对称曲线

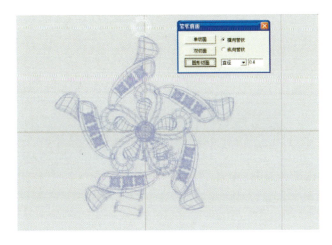

图 3-92 "管状曲面"对话框

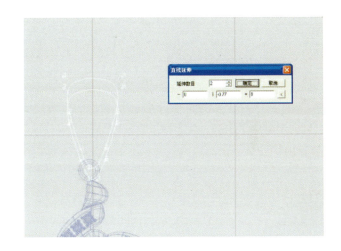

图 3-94 直线复制

④在工具栏选择"尺寸"和"位置"对复制的曲线进行尺寸和位置的调整,达到如图 3-95 所示的效果。

⑤在"右视图"状态下,绘制一直线,注意控制点"0"点在直线的下方,直线控制点增至10,如图 3-96 所示。

⑥在"正视图"状态下,把直线长度调整至如图 3-97 所示的效果。

⑦选中内圈,在控制栏点击"曲面/线映射",出现一对话框,参数选择如图 3-98 所示,完成曲线的映射。

⑧在工具栏选择"左右复制",对映射的曲线进行复制,如图 3-99 所示。

⑨创建导轨切面曲线。用"左右对称曲线"命令和"封口曲线"命令,绘制一条封口的左右对称曲线作为切面,如图 3-100 所示。并进行"导轨曲面"运行,在工具

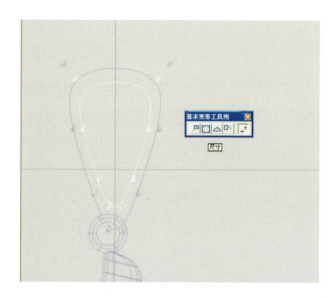

图 3-95 调整曲线尺寸和位置

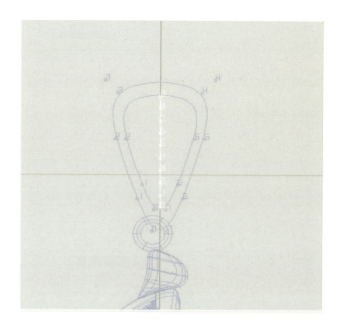

图 3-97 调整直线长度

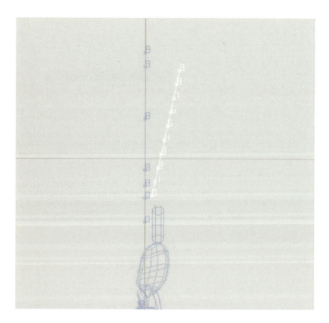

图 3-96 增加直线控制点

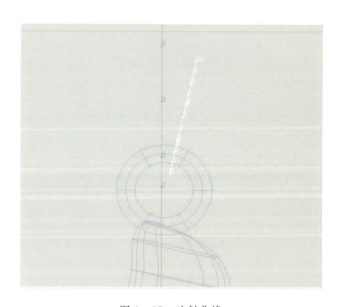

图 3-98 映射曲线

栏选择"导轨曲面" ，在"导轨"部分选择"三导轨"，在"切面"部分选择"单切面"选项，在"切面量度"选择第1列第1个按钮,设置好后单击"确定"。

在工具栏点击"光影图" ，完成效果图如图3-101

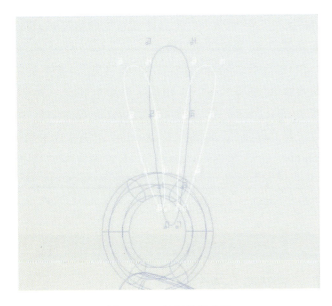

图 3-99 复制映射曲线

图 3-101 导轨切面曲线效果图

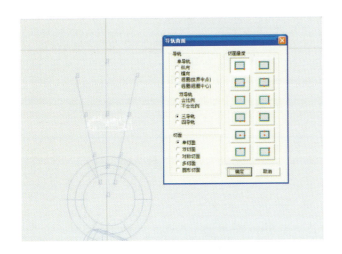

图 3-100 设置"导轨曲面"

图 3-102 修改材料

所示。

第六步,将材料修改为"GoldWhit","光影图" 效果如图 3-102 所示,最后选中金属部分进行"布林体联集",自此挂坠就绘制完成了(图 3-103)。

图 3-103 绘制挂坠最终效果图

3.3 首饰快速成型技术

JewelCAD 能与 CAD/CAM 系统结合,因此出现了许多针对珠宝行业的珠宝设计成型系统(快速成型机)。比如,美国 Solidscape 的 MM2、T66、T612 喷蜡机,美国 3D SYSTEM 推出的 Viper SLA(激光快速成型机),德国的 envision TEC 快速成型系统,日本 Roland 公司的 MDX 系列和 JWX 雕刻机等。所有这些快速成型系统,JewelCAD 都能很好地兼容输出 STL/SLC 和 NC 文件档案。

下面以 T66 为例简单介绍蜡模的制作。

第一步,在 JewelCAD 软件上排版。

(1)排版之前先删除宝石。

(2)在右视图的平面内,用"旋转"工具把戒指平放,尽量贴紧水平面,但要注意不能超过水平线。

(3)如果要再加一个首饰,可以从"档案"菜单的下拉菜单内选择"插入文档"项,同样在右视图的平面内,用"旋转"工具把戒指尽量贴紧水平面放平。然后在"上视图"状态下用"移动"工具把插入的戒指移开,两件首饰间距要小点,注意不能重叠。

(4)排完版后设置数据,在"杂项"(Misc)菜单的下拉菜单内选择"切薄片"项,点击这一命令会弹出一对话框,如图 3-104 所示。在"切片档案"部分输入文件名"戒指1",在"切片厚度"项选择"0.0508mm","快速成形机(RP Machine)"项选择"Solidscape","XY 解析度"项选择"0.006 35",并选择"ASCII"项,设置好后单击"确定",会形成一个"戒指1.slc"文件。

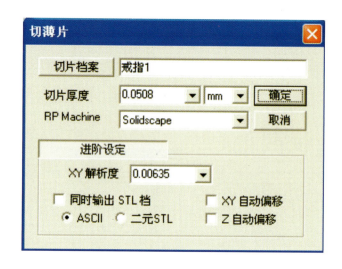

图 3-104 "切薄片"对话框

第二步,打开 Model Works 软件。

(1)在"File"菜单的下拉菜单内选择"open",并选择文件"All model files(.stl,.dxf,.obj)",选择"戒指1.slc"文件,"确定"后会弹出一对话框,对话框显示参数内容为:物件1个;Z轴起始点0.000 00;薄片厚度为 0.050 800(图 3-105)。

(2)在"上视图"状态下看"实际比例"(ZOOM platform),并用(Auto arrange)摆放物件至正中间位置,如图 3-106 所示。

图3-105　对话框显示参数

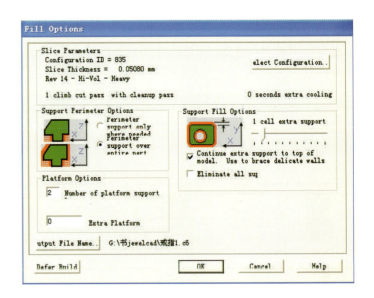

图3-107　"Fill Options"对话框

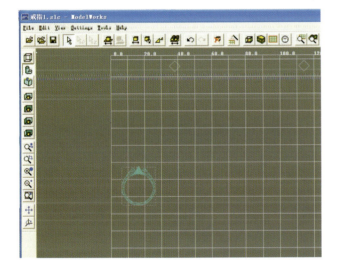

图3-106　摆放物件至正中间

(3)点击▦(Fill)弹出"Fill Options"对话框,如图3-107所示。

在"Slice Parameters"选项点击"Select Configuration",出现"Configuration Notebook"对话框,各项参数选择如图3-108所示。其文件存于"C:PROGRA~1\SOLIDS1\database\mworks.cfg"。

点击"OK"后返回"Fill Options"对话框,其余参数选择如图3-109所示。

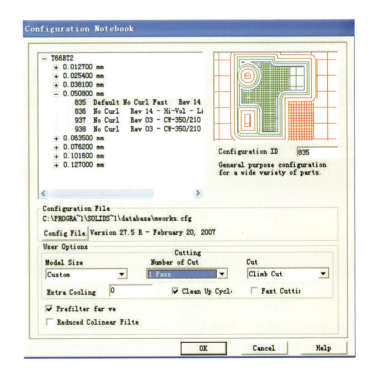

图3-108　"Configuration Notebook"对话框

计算后生成的文件名(Utput File Name)为"戒指1.c6"。

参数设置完成点击"OK"后显示出完成所需时间,如图3-110所示。

点击"OK"后出现演示过程图,如图3-111所示。自此,蜡模开始制作。

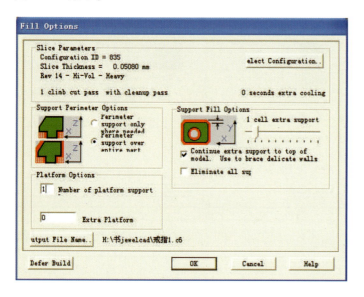

图3-109 "Fill Options"对话框

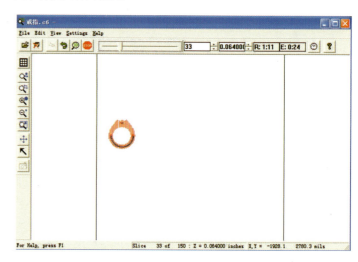

图3-111 蜡模制作演示过程图

3.4 图片欣赏

图片欣赏如图3-112~图3-123所示。

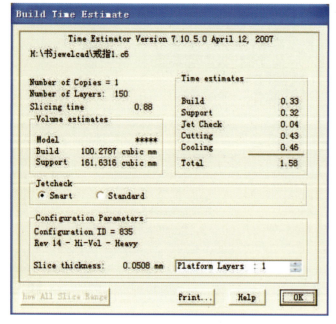

图3-110 完成所需时间

图3-112 图片欣赏1

图 3-113　图片欣赏 2

图 3-114　图片欣赏 3

图 3-115　图片欣赏 4

图 3-116　图片欣赏 5

图 3-117　图片欣赏 6

· 91 ·

图 3-118 图片欣赏 7

图 3-120 图片欣赏 9

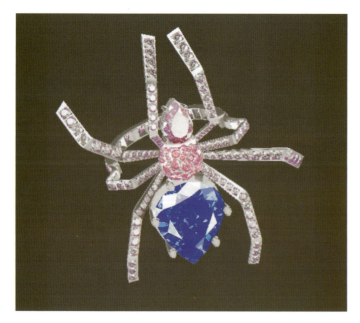

图 3-119 图片欣赏 8

图 3-121 图片欣赏 10

图 3-122　图片欣赏 11

图 3-123　图片欣赏 12

4 珠宝首饰摄影表现技法

4.1 珠宝首饰拍摄的要点

对于大部分人来说,那些流光溢彩、精美异常、沉静中渗透着神秘尊贵之气的珠宝首饰摄影作品究竟是怎样拍摄出来的,似乎是一个无法揭开的秘密。与通常大家熟悉的风景和人物等题材的拍摄不同,珠宝和饰品的体积和尺寸一般都比较小,甚至是精致细小到需要仔细观察或放大,才可以尽情欣赏和玩味其美妙之处。要使这沉静中隐藏的奢华尽情地绽放,珠宝首饰的拍摄需要的不仅仅是精湛的技术,同时还需要长期积累的知识和经验。它不但需要拍摄者知道怎样适当地用光、如何熟练而有效地操控相机、艺术地表现所拍摄的静止物件,还要在此基础上给予正确、客观的视觉表达(图4-1)。

自然,并不是每一个人都会像专业的摄影师那样富有经验,并且拥有一大堆精良无比的器材随时备用。山珍海味可以做满汉全席,一小碟花生米,又何尝不会快乐如神仙呢?在这个章节我们就来学习一下,从最简单的效果实现,到专业的拍摄方法,以及如何采用一些不是那么复杂的技巧,让业余爱好者也可以拍摄出像专业的摄影师那样美丽而富有光彩的珠宝首饰摄影作品(图4-2)。

图4-2 首饰摄影作品

图4-1 珠宝首饰拍摄

在进行详细叙述之前,对一些基本要素的了解也许可以帮助我们迅速地把握拍摄所要注意的各个方面。同时,这些因素也直接决定了所拍摄出的作品是否符合要求及优劣与否,这通常包括用光、对焦与锐度以及曝光几个因素。

4.1.1 珠宝首饰摄影用光

无论是采用自然光还是人造光源，对光线的应用和把握，是珠宝首饰拍摄中最具有挑战性的工作。通常情况下，这些小物件在光线照射下会有反射光，甚至会感觉光芒四射。如何在拍摄中既捕捉到这些饰品散发出的固有的光彩，同时又不对其内在的美丽造成破坏，是拍摄前首先需要考虑的一点。柔和的漫反射光是这类拍摄采用的主要方式，最好是避免使用相机自带或外加的闪光灯，因为它们都是瞬间闪亮的，因此很难控制。这种闪光不但会使被拍摄的物体投射出令人不愉快的阴影，还会导致珠宝饰品等折射出过多刺眼和较硬的反射光。假如没有影棚灯光设施，最好是采用能使闪光灯光源变柔和的柔光箱，或者是其他柔光设备，从而尽可能地减少阴影及过强的反射光，下面这两幅摄影棚中拍摄的实例，可以让我们了解如何借助挡光板来使强光线变得柔和可控（图4-3）。

4.1.2 微距调节与清晰成像

珠宝首饰摄影通常面对的都是相对较小的拍摄对象，而摄影师的任务则是尽可能完美地呈现其精细与纤巧之处。微距摄影是这种题材最常采用、也是相对较好的拍摄手法。在实际操作中，首先最好将相机的测光模式设定为"点测光"，这可以去除过亮或过暗背景、珠宝本身的反射光等对相机测光系统的影响，让画面显现出正常的明暗和对比。另外，考虑到不同相机及镜头型号在微距摄影时最近可拍摄距离的差异，还应尽可能采用手动对焦模式来更好地控制对焦精度，减少因对焦不准而使画面模糊的可能性（图4-4）。

平衡的测光、精准的对焦是拍摄出清晰画面的保障。对于微距摄影来说，由于对焦精度的更高要求，必须使用脚架，无论是三脚架还是独脚架都可以。其他用来稳固相机的应急设施如章鱼脚架、沙包等，也都可以帮助我们更

图4-3 摄影用光

好地避免在拍摄过程中，由于相机的抖动而导致的模糊画面。

4.1.3 曝光

和其他题材的拍摄相同，正确良好的曝光，也是珠宝首饰摄影的一个重要方面。虽然数码摄影在后期制作中

图 4-4 微距摄影

4.2 珠宝首饰拍摄快速入门

本部分内容的目的在于使大家学习和理解珠宝首饰拍摄的基本理念和方法,并通过进一步的努力,拍摄出高质量的精美作品。

4.2.1 选择一部合适的相机

也许有人会认为,如果有可能,就应该去买自己能买得起的最好的相机,因为只有好的相机才能拍摄出好的照片来。事实往往并非如此,适合自己拍摄需要的相机,才是最好的选择。

在购买一部相机之前,首先应该问一下自己,是否愿意去学习如何使用它?是否有足够的时间去尝试和练习如何拍摄?这些照片拍来是作为什么用途的?是要用来制作大型广告、首饰产品目录、小册子、商业卡片,还是要上传到网络上供浏览、发邮件、网店样图用?知道了图片的用途再进行相机的选择就容易多了。

对于珠宝首饰的拍摄来说,通常情况下,一部相机必须要具备如下基本功能或设置。

- 全手动设置

相机能让拍摄者根据拍摄需要调节快门速度和光圈大小,虽然相机类型五花八门,但"M"档是手动功能的通用标识。

- 自定义白平衡功能

大部分数码相机都有内置的自动、乌云、荧光灯等数种可以选择的预设白平衡。拥有自定义白平衡功能可以让拍摄者根据现场光线条件进行更加自如的设定。

- 可以安装增距镜或微距镜头

拍摄精细微小的物件,相机必须要有足够的最近拍摄距离,从而获得令人满意的放大且清晰的照片,增距镜(图 4-5)或微距镜头(图 4-6)可以帮助我们实现这种要求。

可以很方便地帮助解决这个问题,但拍摄过程中适当运用相机的曝光补偿功能,可以为我们节约更多时间并且减少失误。对于习惯了自然光拍摄的众多业余爱好者来说,在开始接触人造光源的影棚灯光或闪光灯拍摄的过程中,如何有效地根据需要来对曝光进行控制,开始也许有一些难度。只要经过一定时间的熟悉,一般都会迅速掌握这几点要素相互协调工作的原理,从而拍摄出令自己和他人满意的好作品。

对于一位想要成为珠宝首饰摄影大师的人来说,拍摄出满意的作品也许是很艰难的。对偶然有拍摄要求的业余爱好者来说,通过一定的练习、学习和掌握一些基本的技巧,拍摄出几张像样的作品并非不可能。即使是摄影爱好者,同样可以在不懈的努力之下,用好手里的器材并拍摄出令人惊讶的好作品。这其中最重要的在于:要首先学会理解和欣赏自己所要拍摄的对象的美丽之处。每一件饰品或珠宝都是独一无二的艺术品,尽可能客观地通过作品将创作者的意图完美呈现,是拍摄者最终应达到的目标。

虽然一些普通消费级的相机也会有微距功能,但这种放大常常不会让人满意,且电子变焦所拍摄出的画面,在图片质量上还是和光学变焦有一定差距。

图4-5 增距镜

图4-6 微距镜头

• RAW图片格式

对于有一定摄影基础且了解一些数码照片后期处理技巧的拍摄者来说,这种压缩格式可以提供更大的后期调整可能性和更高的图片质量。

4.2.2 选择合适的灯光设施

通常情况下,拍摄出高质量的珠宝首饰作品,取决于两种非常必要的工具:一是用来拍摄的相机,二是所拍摄场地的灯光设施及光线条件。其他的设备或辅助件也许能够使拍摄更加自如和方便,但却并非必不可少。

拍摄珠宝和饰品这类精细致微且常常对光线比较敏感的物件,最佳的选择自然是专业的柔光箱和标准色温的直光源。这种组合可以为拍摄提供最理想的光线环境,并且最大限度地降低杂乱背景和有害反光对饰品本身的影响。

• 柔光箱的作用

在商业摄影领域,珠宝首饰也许是最难拍摄的产品和选择题材了,这其中主要的原因在于,一般情况下它们不但很小,同时还有着反光极强的光滑表面。方向性较强的直射光源和自然光在珠宝首饰的拍摄中都可能产生不舒服的阴影或无法控制的四面反光,而合适的柔光箱则能为拍摄提供柔和、弱阴影的均匀光线条件。

• 应急设备与专业设备

对于大部分偶尔为之的业余拍摄者来说,普通白色纺织面料、造型简单的小型柔光箱等,基本就可以满足拍摄要求。对于精益求精的商业摄影师来说,一个专门用来拍摄像珠宝这类小物件的灯箱也许是很有必要的,它的构造要相对复杂一些,但可以为拍摄提供更精准和自如的光线条件,因此也会相对提高所拍摄出的作品的质量。同时,相对于每移动一次就需要重新调整的普通柔光箱,专业的灯箱还具有其他几点方便之处:首先,由于其具有经过调节的内置的光源系统,因此可以直接使用,不必每次都重新调整布光;其次,相比织物面料的软柔光箱来说,专业的灯箱通常采用的是可以提供更柔和、均衡漫反射光线条件的特殊材质,比如压克力板,因此可以最大程度上避免光线分配不均匀的情况;最后,专业的设计可以为拍摄提供发光的背景,从而获得更为理想的白色或浅色景深环境(图4-7)。

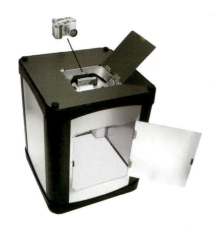

图4-7 柔光箱

4.2.3 安装增距镜或微距镜头

现在大部分普通相机及镜头都拥有一定的微距拍摄功能,但要实现更为优质的画面效果,增距镜或一款合适的微距镜头则非常有必要(图4-8)。

图4-8 相机及镜头

• 消费级相机或专业替代机

技术的改进使得许多此类相机有着甚至比单反更为强大的近距离拍摄功能,如理光的GX系列可以靠近物体1cm左右进行拍摄。更多的时候此类相机需要借助加装的增距镜来进行拍摄。能否加装增距镜取决于相机是否支持此项功能,以及是否具备加装接口。这一点在选择相机之前就应该询问销售商,或者是通过网络查阅该相机的详细资料获得相关信息(图4-9)。

图4-9 相机

• 入门或专业单反相机

单反相机微距拍摄功能的实现在很大程度上取决于其镜头。普通定焦或标准变焦镜头通常也有微距端,但能够拍摄的最近距离有限。在进行较小物件的拍摄时,为了获得最佳的画质和足够近的对焦距离,需要选择专用的微距镜头来进行拍摄。这类镜头通常为定焦镜头,并且价格不菲,但也有一些较为折中的产品,如佳能的100mm镜头,价格可以为大部分人所接受,并且可以实现令人满意的拍摄效果(图4-10、图4-11)。

图4-10 相机

图4-11 相机

4.2.4 调节相机设置

在开始拍摄之前,有几项关于相机的设置是必须进行检查或重新设定的,这其中包括相机的拍摄模式、白平衡、光圈、ISO值以及闪光灯的设置。如果对相机的操作不熟悉,那么还需要及时查阅相机说明书以获得有用的帮助。以下是进行拍摄之前可以借鉴的设定。

• 将拍摄模式调节为手动

将相机拍摄模式转盘旋转到"M",针对珠宝首饰微小且因为反光难以对焦的情况,在需要时将对焦模式或镜头按钮同样从"A"调到"M"以便于进行更精准的对焦。

• 设置自定义白平衡

通常情况下,相机的自动白平衡可以让拍摄者获得较为满意的效果,尤其是一些高端的数码相机在这方面表现更为突出有效。珠宝首饰通常反射较强,要获得相对精确的色彩还原,自定义白平衡有时候是非常重要的,尤其是在所拍摄图片需要精准的还原珠宝应有的色泽和质地时更为重要,比如玉、翡翠、黄金饰品等。自定义白平衡可以有效避免照片发蓝、偏黄等情况的发生。

• 调节光圈大小

对于大部分相机来说,可以先将光圈开到最大,然后根据试拍样张逐渐调节到满意的景深既可。这样在有效控制画面亮度的同时,也使景深得到了最大限度的把握。

• 调节ISO值

将ISO值调节到最小,比如50,越小的数值画面越细腻,同时需要的曝光时间也会相对越长。

• 关闭相机自带的闪光灯

许多消费级相机会在光线较暗时自动弹出自带闪光灯,尽可能不要使用,因为它会带来极大的反作用。

4.2.5 摆放珠宝或饰品

"摆放"是珠宝首饰拍摄既可以简单、也可以复杂无比的一个环节。究竟选择什么样的方式来对所拍摄的物件进行摆放,主要取决于两点:一是拍摄对象本身的特点,二是摄影师想要实现的艺术效果。常用的有以下几种摆放方法。

• 直接在柔光箱中摆放

将要拍摄的物件放入柔光箱中的拍摄平台,不借助任何其他辅助件进行拍摄。这种方法适合拍摄可平放的物件,如手镯、项链、耳环以及某些手表等。

• 借助有机玻璃或合成树脂支架摆放

通常情况下,此种材质的辅助件会有数种形状以方便不同的摆放和拍摄角度。常见的有悬挂物件,如项链支撑、耳环支撑、手表支撑以及手镯等环形物件的支撑等。同时,除了有机玻璃材质外,还有合成树脂材质,以适应不同颜色要求。

• 借助半透明或磨砂材质辅助件摆放

半透明或磨砂材质的辅助件通常并不是完全的白色,或是处于白色和透明之间。这对珠宝首饰拍摄来说也许是最好的选择,特别是在配合浅色背景的时候,它能产生一种自然融入、与背景浑然一体的效果,因此非常适合拍摄与实际佩戴角度、效果相同的项链、耳环等饰品。

• 借助固定蜡或其他类似材质摆放

固定蜡对于拍摄类似于悬空效果的直立物件非常重

要。尤其是在拍摄一些独立、较小且需要立体地展示饰品的全貌时更为必要。

- 设置特殊背景摆放

事实上采用什么样的背景陪衬是一个相对自由的选择,当然,一切应当以自然和谐为原则,除非迫不得已,应尽量避免采用在后期软件中合成背景的做法,因为这通常会使得整体画面显得非常不自然。一般比较常用的背景材料包括黑或白色的有机玻璃板、散碎石子、叶片、织物以及塑料制品等。它们都有着其材质上的特性,比如有机玻璃板,它能为拍摄提供非常具有艺术性的自然平滑反光效果。

4.2.6 稳固相机

保持相机的稳定对于拍摄珠宝首饰这样精细的题材来说,是非常重要的。最有用也最简单的办法是借助三脚架来进行拍摄,这可以在拍摄中避免因为相机的轻微抖动而导致的失败。采用手持拍摄的话,在放大之后经常会发现细节模糊,以及没有按拍摄意图对焦这样令人沮丧的情况。这是因为,手持拍摄几乎无法避免轻微的晃动。在为了追求更高画质而降低 ISO 值及缩小光圈的情况下,由于曝光时间的延长,稳定而可靠的相机固定显得更重要。稳固相机有以下几种常用方法。

- 相机支架

专业的摄影工作室由于拍摄题材较为固定,为更高效率地展开工作,通常会有各种形式的固定支架。有些是类似于翻拍机一样从顶部固定,也有可以按照正常视角进行固定的多用途相机支架。除此之外,有些专业的便携式柔光灯箱,也会提供配套的相机固定设施,以方便摄影师进行快速拍摄。

- 三脚架

三脚架的方便之处除了使相机稳定之外,还在于它可以让摄影师进行更多角度上的调整和选择,比如通过调整其高度来获得拍摄角度的变化。专业的三脚架由于采用了轻型碳纤维材料,并且较为精密,通常价格昂贵。而一些小型的脚架其实也是可以采用的,起决定作用的不在于价格,而在于其能否为拍摄提供可靠的辅助(图 4-12)。

图 4-12 三脚架

4.2.7 打开微距功能

许多相机都可以通过直接按下机身上的相应按钮来调出此功能,而对于一些单反相机来说,此项功能的实现及其微距拍摄的可能性,是要与相应的微距镜头配套来实现的。一些长焦镜头也可以使拍摄获得足够满意的放大倍率。打开此项功能,意味着相机此时可以在更加靠近对象的情况下进行对焦和拍摄。最好在每次拍摄之前都进行检查,因为此项功能通常不会自动保存,并且会在相机关闭后自动恢复为普通拍摄模式。

4.2.8 选择合适的光圈大小与快门速度

为了使相机很好地还原呈现在镜头前面的拍摄对象,摄影师必须选择合适的光圈大小和快门速度,从而平衡进入镜头的光线量来实现最佳曝光,使照片既不会因为过亮而失去细节,也不会因为灰暗而变得沉闷。虽然现代相机的自动模式能够适应大部分光线良好的拍摄情境,但在拍摄珠宝首饰这种题材中,特别是在采用人造光源的拍摄中,为避免相机因无法识别环境光线条件而导致的失误,最好还是对相机模式进行调整,采用手动的方法来精确对焦、曝光。

- 将相机调到"M"手动档

通常情况下首先需要将相机模式转盘调到"M"标志,如果是消费级卡片机,可能会存在无模式转盘的情况,这时就需要打开相机,通过菜单进入主设置页面进行相应调整。

- 设定合适的光圈与快门组合

良好的光圈与快门值的组合,是为了获得平衡的曝光。如果对相机的操作及曝光控制并不熟悉,也可以采用一种相对简单的方法:首先将相机模式调节到"A",即光圈优先拍摄模式;然后根据景深需要选择一个合适的光圈值,如F2.8或F5.6,半按快门按钮,此时会看到相机自动给出的快门速度(如1/60)。此时将相机调回"M"档,根据刚才的光圈快门组合进行设置,并在此基础上根据试拍结果微调。比如在1/60的基础上提高一档到1/125,画面会变得更暗,而降低一档到1/30,则画面会变亮。

- 试拍

在拍摄前的设置工作完成后,此时要进行的就是尝试性拍摄,以检验最终效果是否良好。数码相机的方便之处在于可以非常及时地看到所拍摄的图片,尤其是在一些商业摄影工作室中,通过和电脑相连接,相机所拍摄的照片可以即时在屏幕上显示并观看放大后的实时效果。这样可以更方便地观察画面细节的还原情况、色彩、亮度平衡以及对焦正确与否,并根据试拍结果进行更仔细的调整。如果拍摄中无法迅速在较大的屏幕上对试拍结果进行观看,也一定要在相机LCD屏上仔细观察亮部和暗部细节,特别是对焦是否正确。

4.2.9 拍摄

经过前面几个步骤的准备和调试,摄影师此时对相机和拍摄环节的其他辅助设施都应该有了基本的熟悉和了解,终于可以进行实际的拍摄了。最简单的拍摄方法有以下几种。

- 放大被拍摄物件

相机镜头适当靠近被拍摄物体,在保证镜头中物体不产生变形的情况下,采用变焦将其拉近,使其在画面中占据合适的比例和大小。对于有些消费级的相机来说,虽然其微距功能可以实现几厘米这样的近距离,但应注意的是:假如镜头过于靠近被拍摄物体,则可能产生"哈哈镜"一样的镜头畸变,因此要认真测试和调整以便找到最佳的拍摄距离。

- 精确对焦

通常情况下,相机的自动对焦功能都可以方便而快捷地进行对焦并拍摄。如果相机无法进行自动对焦,最可能的原因有以下几项。第一种可能,相机没有足够的微距功能。这一点在一些单反相机镜头中比较多见,而一些采用电子变焦的微单相机或专业替代机,最近1cm的微距几乎已成为一种标配,功能足够强大。第二种可能,则大多是因为珠宝首饰通常体量较小,明暗反差小,因此导致相机不能自动对焦。解决办法比较简单,将镜头调到手动对焦模式,而后慢慢调节,直到清晰对焦为止。

4.2.10 后期制作

最后的步骤,是采用后期软件对所拍摄的素材进行必要的调整,以使其能适应纸质或电子发布平台的需要。在这个阶段,图片的质量如清晰度、亮度、对比度以及大小尺寸都可能要进行调整,Photoshop是使用最为普遍的一款功能极为强大的软件。基本调整如下。

- 在后期软件中打开照片

对于没有任何后期处理经验的初学者来说，拍摄普通的JPEG图片格式，然后就可以直接在后期软件中打开，甚至是不经过任何处理，就可以直接进行一些要求不高的应用。假如要获得更为专业、精度更高且适合印刷输出或大幅面喷绘的图片，就必须拍摄RAW压缩格式，并在后期软件中进行精确而细致地调整。通常情况下，相机生产厂家都会随相机附送此类后期处理软件，如果没有，也可以采用ADOBE系列的CAMERA RAW插件进行处理，或者是采用更为专业的图片管理软件LIGHTROOM等。此类图片处理的图书或在线教程已有许多，本书在此并不展开阐述。

- 裁减与位移

打开图片之后，最为常见的处理手法就是进行适当的裁减，以使其能够满足进一步的应用需要。还可以对拍摄时出现的倾斜、多余杂边等进行处理与校正，以使图片主体更加明确。

- 调节亮度、对比度、锐度等

对亮度、对比度以及锐度的调整，通常需要根据具体图片的具体情况来决定。最为简单而有效的做法，就是一边调节一边观察，直到获得最佳的表现为止。这个调节度的把握，应该是看调节后的图片是否真实地体现出所拍摄物的魅力与真实视觉效果，任何对原物有所扭曲的成分最好都能有效避免。

- 输出或存储为合适的格式与大小

根据实际输出及应用需要，可以对图片进行压缩或像素、分辨率调整，而后进行存储，为下一步的应用作良好的准备。一般采用JPEG格式即可，大幅面喷绘或高精度印刷，可以采用TIF格式进行保存。

4.3 珠宝首饰拍摄的摆放与布置

合适而且自然地摆放被拍摄的饰品，是获得一幅较为专业的珠宝首饰摄影的重要元素。每一个摄影师都应该尽自己最大的努力去摆放饰品及辅助件，以获得最佳的拍摄效果。这是因为，许多时候在无法直接面对饰品实物，或是近距离接触实体的时候，观众或客户需要从照片中读取到关于饰品的设计、形态以及色彩等最完全的信息，并做出评价。

如何摆放饰品并没有一套固定的程序，这需要根据饰品本身或者是设计师的设计和表现意图来决定。通常有许多现成的辅助件可供选择，这大多是由设计师或商家结合特定的摆放要求而设计的，比如手模、胸模，以及简单的有机玻璃衬托件等。这些辅助件可以为拍摄提供非常好的支持，通过精心的调节与设置，就可以实现多种角度及视角的拍摄效果。

下面是几种摆放与布置的拍摄案例。

4.3.1 金字塔形摆放

金字塔形摆放适合于自身有着完整形体、并且能够不借助辅助件独立安放的戒指、手镯等饰品。独立安放的物件一方面可以获得较为自然的图片效果，同时也使摄影师可以更为轻松地选择合适的角度与景深，拍摄出主次分明的完美作品(图4-13)。

4.3.2 支架摆放

对于手链、手表、腕带等自体无法站立的饰品，可以借助设计师及商家展示用的辅助件来使其完整展现并进行拍摄。景深的控制在这里依然重要，但必须在拍摄前与设计师或图片需求方沟通，了解其重点表现意图，从而避免因为景深的变化使重要的细节关注点被模糊或忽略掉(图4-14)。

图 4-13 金字塔形摆放的戒指

4.3.3 垂饰的摆放

对于项链、耳坠等饰品的拍摄，同样需要借助专门的悬垂饰品展示辅助件。这些辅助件通常采用哑光的有机玻璃制成，摆放在上面的项链等饰品可以获得非常良好的垂挂效果，材质的亚光特性也不会对饰品本身产生太大的影响，因此也是拍摄这类饰品的较好选择(图 4-15)。

图 4-15 项链的摆放

4.3.4 悬空摆放

悬空摆放拍摄出饰品在空间中形态的照片，需要借助如固定蜡、可塑泥等可以帮助饰品"站立"起来的辅助件。这些辅助件通常有一定的硬度和黏性，可以很方便地根据需要进行揉捏、增减。在它们的辅助下，戒指等饰品可以很好地直立在空间中。摄影师因此获得了更多的角度和景深选择。

具体使用方法：捏取非常小的一块固定蜡，然后揉成能够隐藏在饰品背后，不会被镜头捕捉到的细小颗粒，再将饰品放置妥当即可。借助于一定的拍摄环境，尤其是纯

图 4-14 支架摆放的手链

黑或纯白背景衬托,可使饰品在最终的作品中呈现出一种犹如悬停在空间中的完美效果(图4-16)。

图4-17 LED光源下拍摄的作品

图4-16 悬空摆放的戒指

这样的拍摄方式和作品风格,在摒除杂余干扰、尽情展示饰品自身设计与精美材质的同时,也可以为观者提供非常完美的细致观察和品鉴饰品的良好机会。

4.4 珠宝首饰闪烁光感的拍摄

珠宝首饰,尤其是贵金属以及钻石等,在室内展示以及拍摄时,往往很难获得像在阳光下那样光芒四射闪闪发亮的感觉。荧光灯以及卤素灯可以让它们的这种闪光的潜质得以显现。事实上我们可以让这一切变得更加耀眼和突出。

新的技术为表现出钻石等耀眼的光芒提供了更多的选择和可能,由发光二极管组成的LED光源就是其中的代表。这种广谱光源的每一个发光单元都会被饰品本身反射到观众的眼中,从而折射出璀璨的星芒(图4-17)。

通常普通的超亮LED光源已经足够制造出令观者动容惊叹的视觉效果了,还有一些专门为珠宝首饰拍摄特别设计的LED光源产品,它们会为拍摄提供增强的闪烁光芒。这些产品会选用经过选择的LED二极管,并且经过特殊的色差矫正,因此会使饰品显现出更令人激动的光芒。在拍摄中,只要将光源放置在特殊的角度,这些贵金属及宝石饰品,就会显现出它们耀眼的璀璨时刻,甚至会比在阳光下显得更加光芒四射(图4-18)。

图4-18 LED光源下拍摄的戒指

需要注意的是任何事物都存在一个度的把握,这种LED光源的使用也是一样,既不能因为其特殊效果而超量滥用,也不能因过于谨慎而用量不足。大部分此类光源的光照强度都是固定的,不能采用调光器进行强弱的调整,因此只能在实际使用中通过反复的尝试和试验来解决这种不足(图4-19)。

4.5 使用黑、白亚克力板拍摄特殊效果照片

广告或其他印刷品中经常会出现纯净的暗色或白色背景中,唯有饰品本身带着若隐若现、充满神秘感的淡淡影子的照片,它们是怎么拍摄的呢?下面就介绍一下这种照片的拍摄方法。

珠宝首饰照片大多用于产品样册、在线销售网站、杂志广告以及其他可展现给潜在客户的展示平台上。因此它的拍摄必须要努力使每一件饰品都显得与众不同。

使饰品宛如置于平静的水面一样带着反射的影子、同时兼顾了鉴赏性与艺术性的此类照片,就是这种与众不同的照片中使用非常广泛的一种。由于具有反射的一面,观者可以在看到饰品正面的时候,也看到反射的另一面。反射的一面由于相比主体要弱一个层次,因此并不会抢夺主体的魅力,而是与主体形成奇妙的"孪生"效果(图4-20)。

图4-19 LED光源下拍摄的手链

图4-20 影子与"孪生"的作品

正确的使用步骤如下。首先,关闭其他色温杂光源并打开LED光源,静置数秒等待亮度及色温恒定。然后,将LED光源正对饰品,逐渐移动,寻找最佳的闪光角度。试拍一个样张,检查下照片中是否捕捉到了饰品的闪亮形态。最后,根据样张的分析,尝试加强或减少照射强度及数量,注意不要照射过量或光亮不足。

首先来看在亮色环境下如何拍摄出这种感觉的照片。第一步,将一块白色亚克力或有机玻璃板平放在拍摄台上或柔光箱中。第二步,用清理镜头的气吹走平面上的灰尘。注意不要擦,因为亚克力板或有机玻璃板都可能因为

擦拭留下痕迹,这些痕迹会在放大后变得更为清晰。第三步,放置要拍摄的饰品,打开摄影光源并观察和调整,使饰品显现最佳的倒影位置。最后,拍摄并放大观察是否得到了理想中的照片(图4-21)。

图4-21　亮色环境下的作品

然后我们来看在暗色的环境中如何拍摄这种效果的照片。第一步,将一块黑色亚克力板平置于摄影台上或柔光箱中,用气吹走表面的细微灰尘。第二步,在这块平放的亚克力板后面直立起另一块黑色KT板或其他黑色板。这样做的目的是为了有效阻挡来自天花板及其他的白色反射光,从而获得一种完全纯净的暗色反射,否则,照片将会显得发灰,而不是纯净的黑色。第三步,将饰品放置在靠近直立起来的那块板和平放的板的交接处,然后进行拍摄。这样,就可以得到一种充满着神秘与尊贵气氛的完美摄影作品(图4-22)。

图4-22　暗色环境下的作品

4.6　拍摄金、银以及铂金等贵重金属材质饰品

贵金属饰品的拍摄,重点在于对物体表面反射光的利用和掌控。对一个摄影师来说,要拍摄金、银以及铂金等贵金属制成的饰品,首先要熟悉和了解它们的自身属性和特征。这些贵金属,尤其是铂金饰品,在大多数情况下,都会像镜子一样反射它们周围环境的任何细微部分。因此拍摄环境和氛围的选择,以及细心的摆放,就成为拍摄出既能够体现其自然物质属性,又能展现设计师心血的完美之作关键(图4-23)。

图 4-23 贵重金属材质饰品拍摄

具体的实例也许可以用来说明这些贵金属是如何在不同的环境和氛围中得到表现的,比如我们可以将一个铂金制品放置在几种不同的拍摄环境中进行拍摄,然后来观察其不同的视觉效果。下面的图片实例以及解说文字会比较细致地叙述这种差异。

4.6.1 深色环境下拍摄的照片

在这里,金饰品被放置在一个深色的拍摄台上进行拍摄。查看图片,我们可以发现饰品背光面反射的是台面铺设材料的深色,而受光面和顶面反射的则是光源及其他如白色墙面或柔光箱的颜色。理解这种深色环境下高反差(通常一面反射背景暗色、一面反射灯光亮色)的反射特性,而后再展开拍摄,是极为重要的。也许在最初需要反复摆放并实验拍摄,按照自己的意图进行合适的摆放、布光,就可以进行正式拍摄了(图4-24)。

4.6.2 高亮度环境下拍摄的照片

由于受光面和背光面几乎有着同等的亮度,因此饰品本身的典雅和精致可以得到极为全面的表现。同时,由于背景本身的白色纯度,饰品上几乎看不到阴影的影响,仅在关键的结构部位反射出顶面或灯箱的深暗颜色。但同

图 4-24 深色环境下的作品

时要注意的是,和暗色背景的拍摄环境相比,这种环境下拍摄出的饰品,更有可能出现由于环境亮度较大而导致作品细节缺乏、亮面曝光过度等不够完美的情况(图4-25)。

图 4-25 高亮环境下的作品

4.6.3 写实环境下拍摄的照片

有些时候也许需要将饰品放入特定的环境中进行拍摄,以便客户或其他观众能更为真实地了解饰品在这种现实环境下的真实形态。这种拍摄方法,事实上也是最为艰

难的一种。由于失去了艺术化的环境衬托以及影棚灯光美化，要得到极好的最终效果，就必须仔细地摆放和调整饰品在这种没有刻意渲染氛围的环境下的视觉性，从而拍摄出符合饰品本身气质的优秀作品(图4-26)。

图4-26 写实环境下的作品

拍摄的具体注意事项有以下几个方面。

• 在拍摄银器时尽可能避免使用白色背景

为表现银器饰品天然的亮色或亚光亮色材质特征，在拍摄中应尽可能避免使用白色的背景或拍摄环境。因为白色或亮色环境只会让银器反射出无变化的白，并且可能使它显得呆板和不自然。

• 采用深色或金属材质质感背景

深色以及类似或接近金属材质的背景的使用，可以使金、银等贵金属的饰品在拍摄中反射出更符合其材质特性、更具自然色彩的作品。这是因为，首先，暗色背景使高反射的饰品显现出更高的对比度；其次，亮色的墙面、摄影灯光在饰品上反射出另外的细节与层次；最终，这种高反差使饰品获得令人非常满意的三维立体效果。

• 在柔光箱或类似影棚光线环境下进行拍摄

柔光箱提供了一个极佳的均衡漫反射光线环境，它也是控制和避免周围环境反射对拍摄对象有害影响的一种最为有效的途径。柔光箱通常是一个四周封闭，仅留一边进行饰品摆放及拍摄的浅色织物或有机玻璃材质的大盒子，在不具备条件的情况下可以采用透光度较好的纸及其他材料来自制。同时对于长期拍摄珠宝首饰的专业摄影师来说，也有更为专业的产品可供选择。

在实际的拍摄过程中往往会有许多其他的情况出现。对于金、银以及铂金这些有着镜子一样闪亮表面的物体来说，要在拍摄中完全避免反射，事实上是不现实的。因此只能是因势利导，学会有效地利用这些反射光而不是尝试去消灭这些反射光。即使是采用偏振镜来消除反光或者是在后期处理中修改，都有可能使图片显得不自然。但是有些反光却是需要尽可能避免的，比如相机镜头、摄影师的脸在饰品上的反射图像等。

4.7 拍摄水晶、翡翠、玉等宝石饰品

与贵金属饰品的拍摄相比，宝石类饰品的拍摄，在注意对反射光控制的同时，重点在于对色彩的掌控。大部分贵金属类珠宝都可以采用普通标准色温的光源进行拍摄，但对于红宝石、珍珠、翡翠、猫眼石、紫水晶等这些有着极其细微色彩变幻的宝石来说，卤素灯也许是最合适的拍摄光源。普通的摄影光源多采用荧光类照明材质，它会使这些宝石的色彩产生一定的变化。这对于需要尽可能呈现出其原始材质特性的拍摄要求来说，是不可接受的。

虽然使用卤素灯进行拍摄是此类题材相对较为合适的，但事实上，在面对这些充满着极其微妙色彩层次与明暗变化的宝石时，即使是经验已经很丰富的摄影师，也不可能非常武断地总是采用同一种照明方式。一个比较谨慎的方法，应该是在面对一件宝石时，尽可能多地去尝试不同的照明与光源，直到拍摄效果完美体现宝石本身的自然属性与魅力为止。

同时，即使是采用卤素灯光，也不要忘记调整相机的白平衡，因为这也是导致颜色变化的一个重要环节。如果无法得

到最佳的白平衡,则可以采用自动白平衡,同时拍摄 RAW 格式,这样就可以在后期软件中对白平衡进行重新调整。

下面是几种不同光源下的拍摄效果。

1)荧光灯拍摄效果(图 4-27)

图 4-27　荧光灯拍摄效果

2)卤素灯拍摄效果(图 4-28)

图 4-28　卤素灯拍摄效果

3)普通光源拍摄效果(图 4-29)

图 4-29　普通光源拍摄效果

4)LED 光源拍摄效果(图 4-30)

图 4-30　LED 光源拍摄效果

5)自然光下拍摄的效果(图 4-31)

图 4-31　自然光下拍摄效果

4.8　总　结

许多貌似神秘莫测的东西,只要用心关注和慢慢了解,最终都会不再神秘,并且我们自己也可能有一天去参与其中,成为另一个神秘的制造者。珠宝首饰的摄影亦是如此,毕竟现在的数码摄影技术以及拓展软硬件的支持,都给了我们很好的平台。这一切的核心,依然是发自内心的喜爱。然后在这个基础上,通过一步一步的勤恳努力,不但掌握技术,同时培养自己的审美意趣。最终,就一定能如愿以偿,拍摄出令人激动的作品。

主要参考文献

金克斯·麦格拉斯. 英国珠宝首饰制作基础教程[M]. 上海:上海人民美术出版社,2009.

徐累. 珠宝情缘[M]. 北京:中国人民大学出版社,2009.

约翰森. 迷人的珠宝:100多款巧夺天工的珠宝首饰设计[M]. 张少伟,杨晓峰,译. 郑州:河南科学技术出版社,2008.

Cross B L,Zeitner J C. Geodes:Nature's Treasures[M]. Balwin Park:Gem Guides Book Company,2006.

Bennett D,Mascetti D. Understanding Jewellery[M]. 3rd revised ed.. Woodbridge:Antique Collectors' Club,2007.

Bollmann K,Schrage D. Elisabeth J. Gu. Defner:Man-Nature-Cosmos Jewellery and Objects[M]. Stuttgart:Arnoldsche Art Publishers,2012.

Posseme E. Art Deco Jewelry:Modernist Masterworks[M]. London:Thames & Hudson,2009.

Robinson L,Lloyd R. The Art of Inlay:Design & Technique for Fine Woodworking[M]. San Francisco:Backbeat Books,1999.

Triossi A. BVLGARI:125 Years of Italian Magnificent[M]. London:Thames & Hudson,2011.

Raulet S. Art Deco Jewelry[M]. London:Thames & Hudson,2003.

Scarisbrick D. Rings:Jewelry of Power,Love and Loyalty[M]. London:Thames & Hudson,2013.